Merzouk Belkacem

Estudo das tendências da erosão dos solos

Merzouk Belkacem

Estudo das tendências da erosão dos solos

Utilização de RUSLE, SIG e teledeteção na bacia hidrográfica de Boussellam, na Argélia

ScienciaScripts

Imprint
Any brand names and product names mentioned in this book are subject to trademark, brand or patent protection and are trademarks or registered trademarks of their respective holders. The use of brand names, product names, common names, trade names, product descriptions etc. even without a particular marking in this work is in no way to be construed to mean that such names may be regarded as unrestricted in respect of trademark and brand protection legislation and could thus be used by anyone.

Cover image: www.ingimage.com

This book is a translation from the original published under ISBN 978-620-6-70158-3.

Publisher:
Sciencia Scripts
is a trademark of
Dodo Books Indian Ocean Ltd. and OmniScriptum S.R.L publishing group

120 High Road, East Finchley, London, N2 9ED, United Kingdom
Str. Armeneasca 28/1, office 1, Chisinau MD-2012, Republic of Moldova, Europe
Printed at: see last page
ISBN: 978-620-7-78980-1

Conteúdo

Currículo

O objetivo deste estudo é estimar as perdas anuais de solo na bacia hidrográfica de Boussellam, no nordeste da Argélia, utilizando a Equação Universal Revisada de Perdas de Solo (RUSLE), um Sistema de Informação Geográfica (SIG) e deteção remota. O modelo RUSLE foi utilizado para modelar os principais factores envolvidos no fenómeno da erosão.

²A bacia hidrográfica de Boussellam cobre uma superfície de 4,151 km, é alongada e apresenta um relevo pouco acentuado. Caracteriza-se por uma altitude que varia de 189 m a 1757 m, com uma média de 931 m, e um declive que varia de 0 a 266%, com uma média de 18%. Os resultados mostram que o fator de erosividade R é em média 68 (MJ.mm/ha.h.ano) com um valor máximo de 140 (MJ.mm/ha.h.ano). O fator de erodibilidade do solo K varia de 0,04 a 0,21 com uma média de 0,11 (t.h.ha)/(MJ.ha.mm). O fator topográfico LS varia de 0 a 216, com uma média de 16. O valor médio do fator P é de 0,77 e o do fator C é de 0,076. A combinação dos diferentes mapas destes parâmetros permitiu deduzir o mapa de erosão, do qual resulta que o fenómeno de erosão afecta principalmente o norte da bacia, com uma média de 258 (t/ha/ano) para julho de 2015.

Palavras-chave : *Boussellam catchment, Erosão, ArcGis, RUSLE, Teledeteção.*

Introdução geral

Introdução geral

A erosão do solo é um processo natural que é, sem dúvida, largamente responsável pela gëomorfologia atual. As alterações do clima e da paisagem, sob a influência da pressão demográfica e da extensão das culturas agrícolas, contribuíram para um aumento da exposição das terras ao processo de escoamento superficial e, consequentemente, para a degradação do solo através da erosão.

A determinação das áreas em risco de erosão, bem como a reavaliação dos factores que controlam a erosão e as suas características, são tarefas complexas, mas que podem ser resolvidas com a integração de novos métodos, como a deteção remota, os sistemas de informação geográfica (SIG) e os levantamentos de campo.

O objetivo deste trabalho é estimar e cartografar os riscos erosivos na bacia hidrográfica de Boussellam (Soummam) utilizando a liquidação universal revista das perdas de solo (RUSLE), o SIG (ArcGis) e a teledeteção.

O presente estudo divide-se em três capítulos principais:

- O primeiro capítulo descreve a bacia hidrográfica de Boussellam e as suas características.
- O segundo capítulo descreve o fenómeno da erosão e o seu processo.
- O terceiro capítulo é dedicado à reavaliação e cartografia da taxa de erosão.

Por último, a conclusão geral resume os principais resultados obtidos e sugere perspectivas de investigação para os próximos anos, uma vez que o âmbito do tema merece ser muito mais desenvolvido.

Descrição da zona de estudo

Capítulo I: Descrição da zona de estudo

1.1. Introdução

O capítulo é dedicado a uma descrição geral da bacia hidrográfica ëtudië com o objetivo de determinar as características gëográficas, gëomorfológicas, gëológicas e hidrogëológicas, ferramentas fundamentais para a compreensão dos mecanismos hidrológicos. Todas estas características desempenham um papel fundamental no comportamento hidrológico das bacias hidrográficas e dos rios.

1.2. Localização geográfica

A sub-bacia de Boussellam pertence à grande bacia de Soummam (15) que se situa na parte central do Norte da Argélia (Figs. I.1 - I.3).

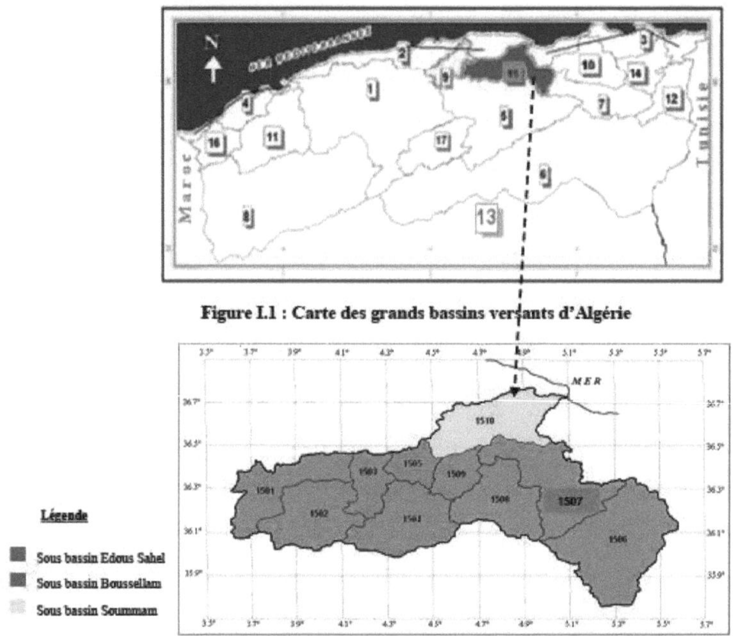

Figure I.1 : Carte des grands bassins versants d'Algérie

Figure I.2 : Les grands sous bassins versants de la Soummam [1]

Figura I.1: Mapa das principais bacias de drenagem da Argélia
Figura I.2: Principais sub-bacias do rio Soummam [1].

Figura I.3: Delimitação da sub-bacia hidrográfica de Boussellam utilizando ArcGis

A sub-bacia de Boussellam é, por sua vez, constituída por quatro (04) sub-bacias (1506, 1507, 1508, 1509). Esta sub-bacia tem a sua nascente em Djebel Meghris, a norte de Setif, e drena as águas para o Oued Soummam numa extensão de cerca de 129 km.

O Oued Boussellam é o principal rio de Sëtif. Juntamente com o Oued Sahel, a oeste, é um dos dois principais afluentes do Soummam, drenando 54,9% da superfície total da bacia para o mar [2]. [23]A superfície da bacia hidrográfica é de aproximadamente 4151 km, com um comprimento de 129 km e um volume anual regularizável de quase 38 Hm. É formada pela combinação do Oued Gassar, que corre ao longo da vertente sul do Djebel Meghris (1737 m de altitude), e do Oued Ouricia, que se situa na parte sul deste Djebel [3].

Ergue-se a uma altitude de cerca de 1100 m, cinco quilómetros a noroeste da cidade de Setif. Situa-se aproximadamente entre as longitudes 5° 20' 00" e 5° 25' 00" Este e 36° 10' 00" e 36° 15' 00" Norte. O Oued Boussellam atravessa várias aglomerações na região norte de Setif (Bougaa, Hammam Gergour, Oued Sebt, Charchar e Beni Ourtillene) e na região sul (Farmatou, Sidi el khier, Mezloug e Hammam Ouled Yelles) (Fig. I.4). Historicamente, este wadi foi sempre considerado como uma importante zona húmida pela população local, nomeadamente os habitantes da cidade de Setif. Era utilizado para banhos, pesca, actividades de lazer e até como jardim [3].

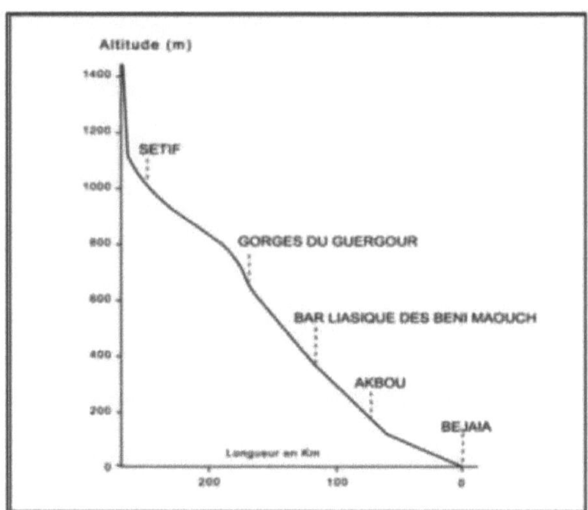

Figura I.4: Perfil longitudinal do rio Oued Boussellam - Soummam [2].

1.3. Geologia

A gëologia e a litologia são dados importantes para a compreensão e o estudo do ambiente. A natureza do terreno é um dos principais critérios que determinam a escolha do trabalho de desenvolvimento. De um ponto de vista geológico, Algdrie está subdividida em duas áreas que são opostas em termos da sua história e estrutura geológica [4].

- Uma propriedade do norte de Algdria do Norte.
- Argélia do Sara.

A fronteira entre estes dois domínios é delimitada pelo acidente sul-atlântico que acompanha a vertente sul do Atlas do Sara. A nossa zona (região) de estudo pertence ao primeiro domínio e faz parte da cadeia magrebina.

1.3.1. Aperqu sobre a geologia do Norte da Argélia

Os Alpes norte-africanos ou magrebinos fazem parte da orogenia alpina perimediterrânica de idade terciária, que se estende de oeste para leste ao longo de 2000 km desde o sul de Espanha até ao arco calabrês-siciliano [4].

Os Alpes norte-africanos ou magrebinos fazem parte da orogenia alpina Pdrimdditerranden de idade terciária (*Durand-Delga, 1969*), que se estende de oeste para leste durante 2000 km desde o sul de Espanha até ao arco Calábrio-Siciliano (Figs. I.5 e I.6).

Em Algdria, a cordilheira dos Magrebídeos abrange as seguintes zonas de norte a sul:

- *o domínio interno*: appelë também subsolo de Kabyle ou Kabylide, é composto por maciços cristalofílicos mëtamórficos (gnaisses, mármores, anfibolitos, micasquistos e xistos) e um conjunto sëdimentar pateozóico (Ordoviciano a Carbonífero) com pouco mëtamorfismo. Este embasamento aflora de oeste para leste no maciço de Chenoua (a oeste de Argel), no maciço de Argel, no maciço de Grande Kabylie e no maciço de Petite Kabylie (entre Jijel e Skikda). Este último, com 120 km de comprimento e 30 km de largura, é o maior afloramento do embasamento Kabyle na Argélia. Este leito rochoso é limitado ao sul pelas unidades Mësozóicas e Cënozóicas do Kabyle Dorsal, às vezes chamado de "cadeia de calcário" devido à extensão do calcário Jurássico Inferior.

8

- *o domínio flysch*: é constituído por lençóis de flysch crëtacës-palëogënes que afloram nas zonas costeiras numa extensão de 800 km, entre Mostaganem e Bizerte (Tunísia). São essencialmente detritos de profundidade depositados por correntes turvas. Estes flyschs apresentam-se de três formas:

- *i*) numa posição interna, sobreposta aos maciços de Kabyle, ou seja, retrocarregada sobre as zonas internas, e conhecida como flyschs de Kabyle Norte;

- *ii*) relativamente fora do limite sul do Kabyle Dorsal (Kabyle flysch sul)

- *iii*) numa posição muito externa, sob a forma de massas isoladas que flutuam sobre os carris Tell

até uma centena de quilómetros a sul.

Figura I.5: A orogenia alpina perimediterrânica [5].

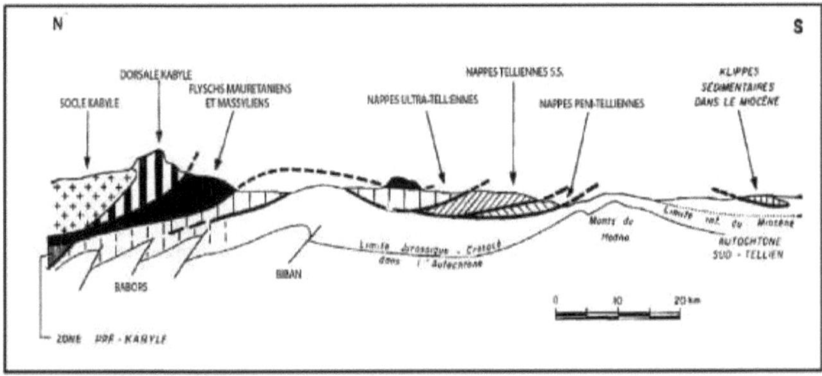

Figura I.6: Relações estruturais entre as diferentes unidades do charne magrebino [5].

II.3.2. Litologia das formações

A geologia da bacia de Oued Boussellam foi ël.ëtudiëe através da rëfëranting de trabalhos geológicos antigos: o mapa gëologique de Sëtif a 1/50 000, o mapa gëologique de A^rie a 1/500.000.00. Oued Boussellam estende-se sobre rochas calcárias pertencentes ao Quaternário [4]. De um ponto de vista litológico, podemos distinguir rochas calcárias pertencentes ao Quaternário, depósitos aluviais recentes constituídos por dëpôts quaternários de origem

9

calcária lacustre e crostas Villafranchianas com horizontes pedregosos esfregados. O Mio-plioceno mostra a presença de dëp6ts fluvio-lacustres geralmente oferecendo uma coloração avermelhada, bastante pronunciadaëe, constituída por areias, cascalhos, silte e argilas.

O leito do wadi é delimitado por formações Tellian que são representadas principalmente por unidades matërial ëocëne superiores e estão localizadas nas encostas sudoeste de Djebel Megress, além do Oceno médio e superior &тë por margas pretas, marrons e cinzas. A parte sul do mapa geológico de Sëtif é composta pelo nappe Djemila, que é composto por calcário betuminoso branco com uma fratura preta e sílex preto. A norte, existem formações calcárias constituídas por rochas margosas pretas e calcário maciço cinzento, branco ou preto (Fig. I.7) [1].

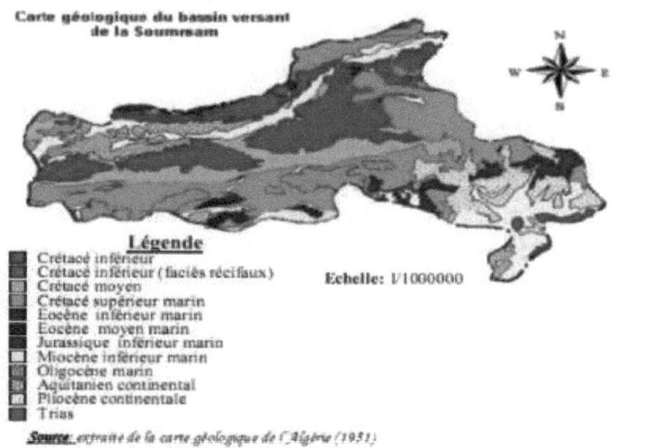

Figura I.7: Mapa geológico da bacia hidrográfica de Soummam [1].

1.4. Solos

Na bacia hidrográfica de Soummam, encontramos tipos de solos antigos de formação palëo-marecageous que são caractërisës por formações bem acentuadas. A maioria dos solos na bacia de Soummam são solos calcários (ricos em calcário). Estes solos têm geralmente uma textura tegere e são, por isso, permëveis (Fig. I.8).

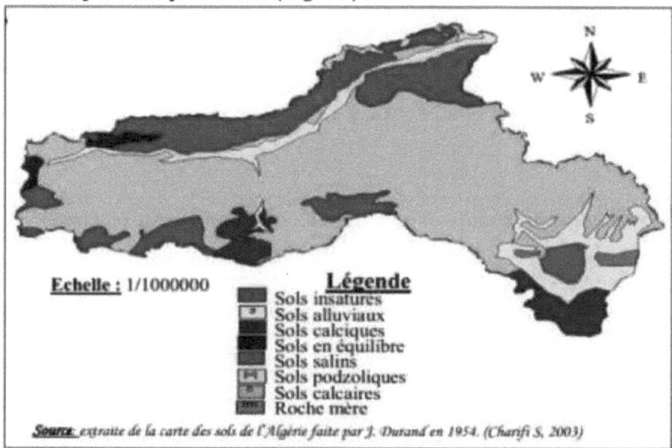

Figura I.8: Mapa de solos da bacia hidrográfica de Soummam [6].

10

No norte da bacia, encontramos solos insaturados que não contêm calcário, cuja argila pode ser mais abundante à superfície do que em profundidade; os seus leitos são geralmente impermeáveis ou dão produtos de composição impermeável. Ao longo dos Oueds, os solos existentes são dëpôts aluviais chamados solos aluviais. Para além disso, existem pequenas quantidades de solos calcários e solos em equilíbrio pouco espessos, mais ou menos ricos em calcário e muito pobres em sais solúveis.

1.5. Cobertura vegetal

A vegetação é um parâmetro físico importante nas bacias hidrográficas. Dependendo da sua natureza, diversidade e densidade, a cobertura vegetal tem uma influência direta no ciclo da água nas bacias hidrográficas. A vegetação evolui de acordo com as condições climatológicas do ambiente. A densidade da vegetação diminui com a altitude em resultado de alterações nas condições climatológicas. Se a densidade da vegetação diminui, então as perdas por evapotranspiração e interceção diminuem de jusante para montante.

Nos maciços de Akfadou, Timezrit e Babors, a vegetação é densa e variada, formando vastas florestas de carvalho, sobreiro e pinheiro de Alepo. Por outro lado, é menos densa e localizada nos relevos intermédios, ou mesmo ausente nas colinas margosas. É representada pelo carvalho anão e pelo olival lentisco. Além disso, a zona montanhosa continua a ser uma região de arboricultura, nomeadamente de oliveiras e figueiras. Em contrapartida, nas depressões, e dada a qualidade salina dos solos, a flora é geralmente pobre [2]. Na planície, a vegetação é densa mas essencialmente temporária; é formada pelos grandes e formidáveis campos de diversas culturas hortícolas. No passado, as florestas que cobriam a região forneciam a madeira necessária para uma indústria madeireira florescente, mas infelizmente este capital tende a desaparecer sob os incêndios que devastam milhares de hectares todos os anos. A este facto acresce a ausência de uma política clara de reflorestação e de luta contra os incêndios [1].

1.6. O sistema fluvial

A bacia hidrográfica do Soummam é muito desenvolvida do ponto de vista hidrográfico pelos seus diferentes cursos de água. A maior parte das suas águas é drenada pelo Oued de Boussellam e pelo Oued Sahel, que se encontram perto de Akbou para formar o Oued Soummam (Fig. I.9).

Na maior parte da bacia hidrográfica de Soummam, as águas subterrâneas estão confinadas em camadas profundas e só podem ser trazidas à superfície por correntes ascendentes [6].

A rede hidrográfica da sub-bacia do Boussellam representada pelo ArcGis é ilustrada na figura (I.10).

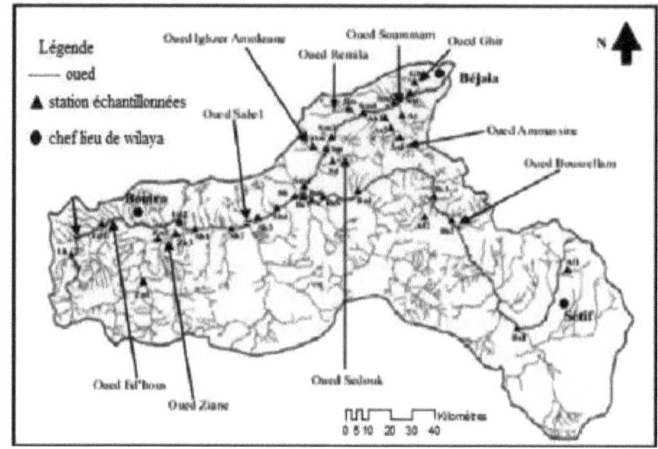

Figura I.9: Rede hidrográfica da bacia de Soummam [6].

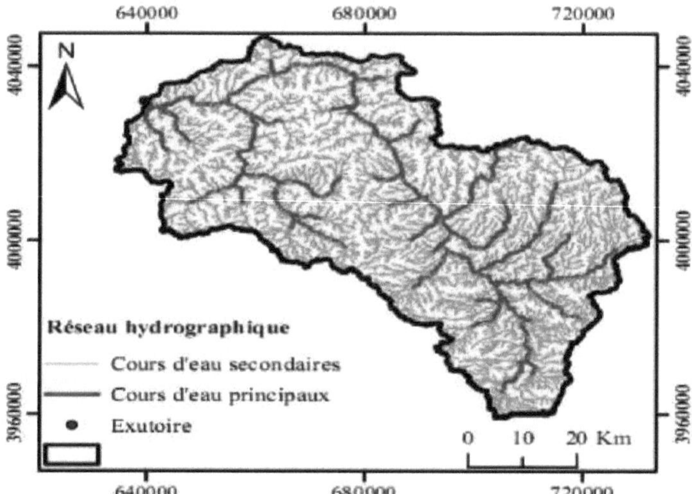

Figura I.10: Rede hidrográfica da sub-bacia do Boussellam

1.7. Situação climática

1.7.1. Clima

A região de Soummam está sujeita a três tipos de clima: um clima temperado litoral na parte inferior do Oued Soummam, um clima do Atlas Telliano no Soummam médio e em parte da bacia superior do Soummam (Oueds Sahel - parte inferior do Oued Boussellam) e um clima de planície na parte superior da bacia do Oued Boussellam. A

12

Capítulo I: Descrição do mapa bioclimático da *área de estudo* está representado na figura (I.11). De acordo com este último, o clima de Boussellam é húmido a sub-húmido nas regiões leste e norte, um clima semi-árido no centro e um clima árido no sul.

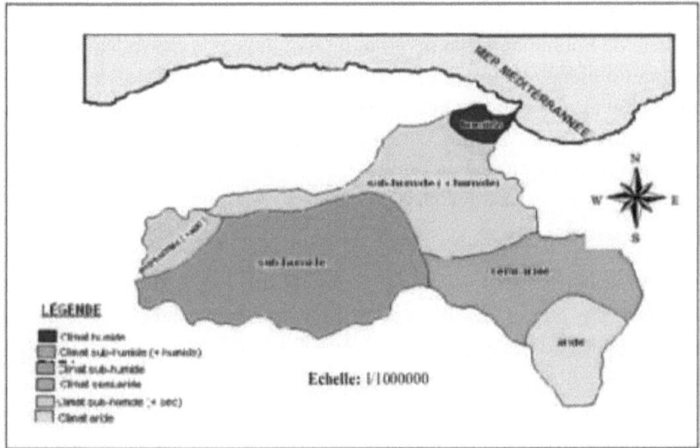

Figura I.11: Fases bioclimáticas da bacia de Soummam [1].

1.7.2. Temperatura

A título indicativo, a queda das temperaturas máximas é de 0,65°C para uma elevação ëlë de 100 m, e a queda das temperaturas mínimas é da ordem de 0,4°C para a mesma elevação ëlë. A altitude máxima na nossa área de estudo é de cerca de 1757 m e a altitude mínima é de 189 m. Isto significa que a altitude média da nossa área de estudo é de cerca de 973 m. As tempëraturas médias mensais registadas de 1978 a 2017 são apresentadas na tabela abaixo.

Tabela I.1: Temperaturas médias mensais ajustadas em graus Celsius para a região de estudo

Mês	Jan.	Fev.	março	abril.	maio	junho	Jul.	agosto	Set.	Out.	Nov.	Dez.
T_{max} (C°)	11.75	11.62	13.28	15.01	17.53	21.03	24.13	24.88	22.79	20.07	15.42	12.27
T_{min} (C°)	4.14	4.33	5.69	7.49	10.63	14.33	17.33	17.91	15.8	15.8	8.44	5.33
T_{moy} (C°)	7.64	7.97	9.48	11.25	14.08	17.68	20.73	21.39	19.29	16.31	11.93	8.8

Com :

T_{max}: Temperatura máxima, T_{min}: Temperatura mínima

T_{moy}: Temperatura média. $[T°_{moy} = (T_{max} + T_{min})/2]$

janeiro foi o mês mais frio, com uma temperatura de 4,14°C, enquanto julho e agosto foram os mais quentes, com valores de 24,13°C e 24,88°C.

1.7.3. Vento

É um fator que favorece a evaporação, transportando as camadas de ar saturadas próximas da superfície da água ou do solo para serem substituídas por camadas de ar mais ou menos secas. Na região de Soummam, os ventos predominantes são de noroeste (brisa marítima que sopra facilmente no vale de Soummam). No inverno, trazem nuvens e chuva. No inverno, os ventos de sudeste são muito menos importantes, especialmente o vento sul, o siroco, um vento seco de intensidade variável que tem um efeito desastroso na vegetação. As médias mensais das velocidades do vento durante dez anos são apresentadas no quadro seguinte.

Tabela I.2: Velocidade média mensal do vento (1994-2003) [1].

Mês	Jan.	Fev.	março	abril.	maio	junho	Jul.	agosto	Set.	Out.	Nov.	Dez.
v (m/s)	4,7	4,28	3,92	3,52	3,58	3,47	3,63	3,38 3,54		4,13	4,4	4,91

A velocidade do vento mais baixa foi registada em agosto, com 3,38 m/s, em contraste com o período de inverno, em que os ventos são frios e violentos, especialmente em dezembro e janeiro, com velocidades de vento que variam entre 4,91 e 4,7 m/s.

1.7.4. Precipitação

Dois grupos de factores - geográficos (*distância do mar, altitude, exposição das encostas aos ventos chuvosos de noroeste*) e meteorológicos (*movimento de massas de ar polar oceânicas frias e húmidas, massas de ar tropicais quentes e húmidas do Atlântico Sul e, finalmente, massas de ar tropicais continentais ou o anticiclone do Sara*) - influenciam a distribuição espacial da precipitação, bem como a estrutura dos padrões de precipitação [1].

A irregularidade temporal das precipitações é uma caraterística fundamental do clima argelino. A carta pluviométrica do Norte da Argélia, elaborada pela Agence Nationale des Ressource Hydrique (ANRH - Projeto PNOD/ALG/88/021-janeiro de 1993), fornece as precipitações médias anuais para o período de 1969 a 1989. Os pontos seguintes podem ser observados:

- A precipitação máxima no maciço de Djurdjura é de 1000 mm a 1500 mm.
- A bacia do Sahel, no centro e no sul, regista uma precipitação entre 300 e 500 mm.
- A bacia a jusante, perto de Bejaia, está sujeita a uma precipitação de 600 a 900 mm.
- A bacia de Boussellam compreende dois sectores: o sul, caracterizado por um clima árido, apresenta precipitações inferiores a 400 mm, ou mesmo 300 mm. O centro e o norte da bacia registam precipitações superiores a 500 mm, com valores médios de cerca de 600 mm, podendo atingir um máximo de 700 mm.

²A bacia hidrográfica do Soummam é bem determinada graças à existência de cerca de 50 estações pluviométricas, ou seja, aproximadamente uma estação por cada 180 km. Os dados de precipitação de treze (13) estações localizadas na bacia de Boussellam mostram que a precipitação média anual é de cerca de 423,31 mm [Tabela I.3].

Quadro I.3 : Valores de precipitação mensal e anual para 13 estações da sub-bacia de Boussellam (1970 -2017) [4,6].

N°	Código	Sete	outubro	Nov	Dez	Jan	Fev	Mar	abril	maio	junho	julho	agosto	P an
1	150603	27.78	32.42	34.35	26.47	31.27	30.07	31.78	34.73	38.66	20.56	7.9	10.13	346.4
2	150606	32.95	36.72	37.18	63.73	48.28	39.9	43.92	40.81	43.43	21.81	8.35	11.11	420.32
3	150607	33.29	37.74	39.38	54.83	49.55	41.49	45.86	43.36	44.3	22.06	8.39	11.22	432.45
4	150608	32.81	36.88	39.5	60.29	52.54	46.1	51.62	46.77	43.59	20.85	7.87	10.75	441.99
5	150614	28.3	34.36	37.18	40.26	38.19	33.52	33.89	37.62	40.01	21.32	8.02	10.43	370.9
6	150703	27.52	47.98	57.82	98.92	92.93	84.26	65.88	57.64	43.85	15.81	4.81	7.84	612.82
7	150706	36.07	46.51	52.04	81.51	70.6	61.89	62.65	52.45	49.13	20.93	7.89	11.22	555.94

8	150707	29.51	31.73	39.07	50.84	39.87	36.72	42.53	37.81	39.8	20.59	8.32	9.06	385.85
9	150802	31.79	39.72	48.14	80.6	61.97	57.97	59.23	55.47	45.3	19.79	7.16	10.37	500.62
10	150904	26.31	32.83	43.04	62.16	56.59	42.31	42.82	38.37	29.24	8.14	4.49	8.55	394.85
11	150602	29.51	31.73	39	50.84	39.87	36.72	42.53	37.81	39.8	20.59	8.32	8.5	385.22
12	50901	26.6	28.8	35.27	42.85	47.47	32.47	28.67	33.3	29.8	7	5.4	4.19	321.82
13	150801	33.12	26.89	31.3	38.47	36.56	27.24	31.12	39.59	38.54	15.94	3.97	11.44	333.88
											Média anual			**423.31**

1.8. Transporte de sólidos em suspensão

O estuário da bacia hidrográfica do Soummam recebe uma grande parte do volume de águas residuais urbanas e industriais, para além das águas negras provenientes de montante.

A qualidade da água do estuário é claramente dëgradëe, dado que as concentrações de sólidos em suspensão (SS) são muito elevadas e excedem largamente as normas para águas superficiais (> 50 mg/L), para além de uma carga de sólidos dissolvidos expressa por condutividades eléctricas bastante elevadas, entre 1,26 e 13,22 mS/cm. As concentrações de oxigénio dissolvido (OD) são relativamente baixas (2,82 - 5,4 mg/L). Foi observada uma clara variação temporal destes parâmetros (SST, Condutividade, OD) durante o período de estudo, isto deve-se principalmente às variações das taxas de precipitação (fator natural), para além das descargas urbanas e industriais cujo volume é muito irregular ao longo do tempo (fator antropogénico) [7].

1.9. Características morfométricas

Os parâmetros morfológicos de uma bacia hidrográfica (forma, altitude, declive, relevo, etc.) desempenham um papel essencial no seu comportamento hidrológico. Têm a vantagem de poderem ser objeto de uma análise quantificada, que deve ser o mais precisa possível desde o início de qualquer estudo. A forma da bacia hidrográfica, que pode ser expressa em termos do índice de compacidade *de Gravelius,* tem também uma influência determinante no caudal.

Os resultados deste ëtude têm ël.ë rëalisës utilizando o software ArcGis 10.1.

1.9.1. Área de superfície (A)

Como a bacia hidrográfica é o local onde a precipitação cai e os cursos de água são alimentados, os dëbits baseiam-se parcialmente na sua superfície. A superfície da bacia hidrográfica pode ser medida através da sobreposição de uma grelha desenhada em papel transparente, utilizando um planímetro ou através de técnicas de digitalização (Arc Gis, Global Mapper, software MapInfo, etc.). [2]A superfície da bacia hidrográfica de Boussellam é de 4150,9 km.

1.9.2. O perímetro

O përimëtre representa todas as irregularidades no contorno ou limite da bacia hidrográfica. É expresso em km. O contorno da bacia hidrográfica é formado por uma linha que une todos os pontos mais altos. Não tem qualquer influência no estado de escoamento do curso de água ao nível da bacia hidrográfica. O perímetro pode ser medido com uma balança ou automaticamente com o software acima mencionado. O përimëtre da B.V. de Boussellam é de 421,41 km.

1.9.3. A forma

O índice mais utilizado para determinar a forma de uma bacia hidrográfica é o índice de compactação *de Gravelius* (KG). A forma de uma bacia hidrográfica tem uma grande influência no caudal global do curso de água e, especialmente, na forma do hidrograma à saída da bacia hidrográfica, resultante de uma determinada precipitação. É estabelecido comparando o përimëtre da bacia (P) com o de um círculo com a mesma área de superfície. Este índice é dado pela seguinte relação (Roche, 1963) [8] :

$$K_G = \frac{P}{2\sqrt{\pi A}} = 0.28 * \frac{P}{\sqrt{A}}$$

- Se KG for próximo de **1**, a zona de captação é quase circular - Se KG for superior a **1**, a zona de captação é alongada.

Com :

KG: Índice *Gravelius* compaci

P: Përimëtre da bacia hidrográfica em km

^{2}A: Área de captação em km .

$$K_G = 1.83 \Rightarrow$$ a bacia hidrográfica de Boussellam tem uma forma аПопдёе.

1.9.4. O retângulo equivalente

Este é o retângulo de comprimento L e largura l que tem a mesma superfície e o mesmo irerímetro que a bacia hidrográfica. A bacia hidrográfica retangular é o resultado de uma transformação gëomëtrica da bacia hidrográfica real, na qual se mantém a mesma superfície, o mesmo përimetro (ou o mesmo coeficiente de compacidade) e, consequentemente, a mesma distribuição hipsométrica. As curvas de nível tornam-se linhas rectas paralelas ao pequeno c6të do retângulo. A climatologia, a distribuição do solo, o coberto vegetal e a densidade de drenagem permanecem inalterados entre as curvas de nível.

Em 1963, *Roche* ë-estabeleceu duas relações relativas às dimensões do retângulo ëquivalente, cujas dimensões são dadas pelas seguintes relações:

$$L_r = \frac{K_G \sqrt{A}}{1.12}\left[1 + \sqrt{1 - \left(\frac{1.12}{K_G}\right)}\right]$$

$$\ell_r = \frac{K_G \sqrt{A}}{1.12}\left[1 - \sqrt{1 - \left(\frac{1.12}{K_G}\right)}\right]$$

Com :

Lr : Comprimento do retângulo equivalente em km

ℓ_r : Largura do retângulo ëequivalente em km

KG: Índice compacto

^{2}A: Área de captação em km .

No nosso caso, obtemos :

L_r = 188.72 km   **ℓ_r = 21.99 km**

1.9.5. Altimetria e curva hipsométrica

A topografia da bacia desempenha um papel muito importante na hidrologia, condicionando o escoamento, a infiltração e a evaporação.

Os resultados desta aplicação são apresentados nos quadros seguintes.

As frequências altimétricas estão representadas na Tabela (I.4) e pela curva hipsométrica (Fig. I.12).

^{2}*Estas* representações mostram que a classe de altitude mais elevada (1364 - 1757 m) representa apenas 55,75 Km , ou seja, cerca de 1,34 % da superfície total da bacia. ^{2}24,81 % da superfície da bacia situa-se entre 860 e 945 m de altitude, com uma superfície de 1029,752 km .

Quadro I.4: Distribuição das diferentes bandas de altitude

Gama de altitude	²Superfície (km)	Superfície (%)	Superfície Acumulado (%)	Superfície Acumulado (km2)	Altitude (m)
189 - 441	109.0739	2.63	2.63	109.0739	189
442 - 600	200.0107	4.82	7.45	309.0846	442
601 - 742	285.8429	6.89	14.34	594.9275	601
743 - 859	433.6908	10.45	24.79	1028.6183	743
860 - 945	1029.752	24.81	49.6	2058.3703	860
946 - 1019	923.6588	22.25	71.85	2982.0291	946
1020 - 1111	564.8208	13.61	85.46	3546.8499	1020
1112 - 1222	374.721	9.03	94.49	3921.5709	1112
1223 - 1363	173.2392	4.17	98.66	4094.8101	1223
1364 - 1757	55.75092	1.34	100	4150.56102	1364
Total	4150.56102	100			1757

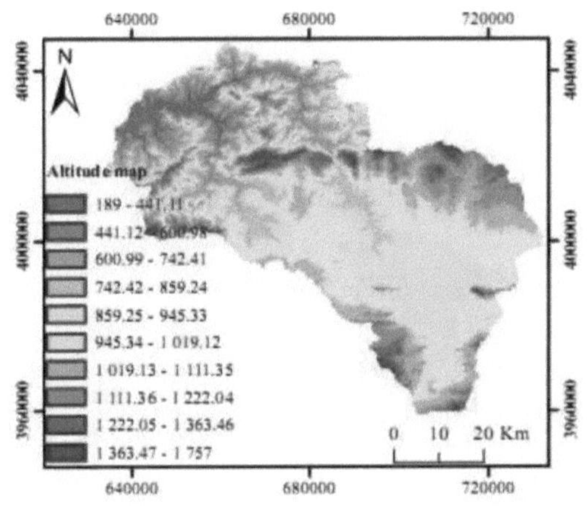

Figura I.12: Curva hipsométrica da bacia hidrográfica de Boussellam

Figura I.13: Mapa das faixas de altitude da bacia de Boussellam

I.9.6. Características das altitudes

1) *Altitude média (Hmoy)*

A altitude média não é muito representativa da rëаШë. No entanto, é por vezes utilizado na reavaliação de certos parâmetros hidrometëeorológicos ou na implementação de modelos hidrológicos. Pode ser derivada diretamente da curva hipsométrica ou da leitura de um mapa topográfico. Pode ser definida da seguinte forma:

$$H_{moy} = \frac{\sum A_i\, H_i}{A_t}$$

Com :

$_iH$: Altitude média entre duas curvas de nível (m)

^2A_i: Área de superfície ëlëmentaire entre duas curvas de nível (Km)

^2A_t: Superfície total da bacia (Km).

No nosso caso, $Hmoy$ = 931,65 m.

2) *Altitude média (H50)*

Corresponde ao ponto 50% da curva hipsométrica, $H50\%$ = 940 m.

3) *Altitudes extremas*

As principais altitudes extremas são as seguintes:

- A altitude mínima é: $Hmin$= 189 m
- A altitude máxima é: $Hmax=1757$ m
- $_5$A altura a 5% da superfície total é: H % = 1250 m
- $_{95}$A altura a 95% da superfície total é: H % = 520 m.

4) *Denivelee simples (D)*

No tracëo da curva hipsomëtrica, tomamos a distância vertical em (m), que sëpare as altitudes tendo 5% e 95% da superfície total da sub-bacia.

$$D = H5\% - H95\% = 730 \text{ m.}$$

5) 10. Índices de declive

O objetivo destes índices é caraterizar os declives de uma bacia hidrográfica e permitir comparações e classificações. Incluem :

5.1.1. Índice de inclinação global (Ig)

O índice de declive global é determinado a partir da curva hipsométrica, eliminando os valores extremos, de modo a reter apenas 90% da área da sub-bacia. Este índice é calculado através da seguinte fórmula:

$$I_g = D / L_r$$

Com :

D: Denivelee simples (m)

Lr : Comprimento do retângulo equivalente (km) ;

$\Rightarrow$ **I_g= 3.86 m/km = 0.00386**

$_gI < 0,002$	relevo	muito baixo		
$0,002 <_{Ig}$	<0	,005	alívio	baixo
$0,005 <_{Ig}$	<0	,010	alívio	bastante reduzido
$_g0,010 <I$	<0	,020	alívio	moderado
$_g0,020 <I$	<0	,050	relevo	bastante forte

De acordo com a classificação do relevo ORSTOM (*Office de Recherche Scientifique de Territoire d'Outre-Mer*), o $_{Ig}$ situa-se entre 2 e 5 m/km, pelo que a sub-bacia do Boussellam apresenta um relevo pouco acentuado.

5.1.2. Nível específico (SL)

O denivelee específico dá uma indicação do relevo de acordo com a classificação **ORSTOM** (Quadro I.5). O índice I_g diminui para uma mesma bacia à medida que a superfície aumenta, pelo que é difícil comparar bacias de diferentes dimensões, daí a necessidade de introduzir o parâmetro (DS).

$$D_s = I_g * [A]^{1/2} \Rightarrow D_s = 249.21 \text{ m}$$

De acordo com a segunda classificação ORSTOM, a drenagem específica da bacia de Boussellam está na classe R5, caracterizada por um relevo bastante elevado.

Quadro I.5: Classificação ORSTOM [8].

R1	Relevo muito baixo	$05 < D_s < 10$ m
R2	Baixo relevo	$10 < D_s < 25$ m
R3	Relevo bastante baixo	$_s25 < D < 50$ m
R4	Alívio moderado	$_s50 < D < 100$ m
R5	**Relevo bastante forte**	**$100 < D_s < 250$ m**
R6	Forte relevo	$250 < D_s < 500$ m
R7	Relevo muito forte	$_s500 < D < 750$ m

A bacia hidrográfica de Boussellam apresenta o seguinte mapa de declives.

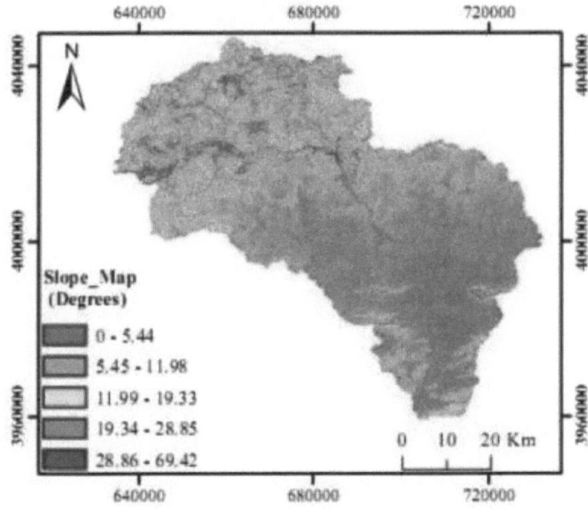

Figura I.13: Mapa dos declives da bacia de Boussellam

O mapa mostra que mais de 84% da superfície tem uma inclinação inferior a 19°, 11% representa 28,85° e cerca de 4% tem uma inclinação de 69,42°.

1.11. Características do sistema fluvial

1.11.1. Densidade de drenagem (Dd)

A densidade de drenagem depende da gëologia (estrutura e litologia), das características topográficas da bacia hidrográfica e, em certa medida, das condições climáticas e antropogénicas. Na prática, os valores de densidade de drenagem variam de 3 a 4 para regiões onde o escoamento só atingiu um desenvolvimento muito limitado e está centralizado; estes valores ultrapassam 1000 para certas zonas onde o escoamento é muito ramificado com pouca infiltração.

Segundo *Schumm*, o valor inverso da densidade de drenagem (**C** = 1/Dd) é designado por "constante de estabilidade do curso de água". Em termos físicos, representa a superfície da bacia necessária para manter condições hidrológicas estáveis num vetor hidrográfico unitário (secção da rede). A densidade de drenagem® é definida por [6,8]:

$$D_d = \frac{\Sigma L_i}{A} \quad \ldots \ldots (km/km^2)$$

Ou,

zLi: comprimento acumulado de todos os talvegues da bacia, em km.

²A: área da bacia em km .

$$\Rightarrow \quad D_d = \frac{51260.787}{4150.9} = 12.34 \; km/km^2$$

1.11.2. Densidade hidrográfica (F)

A densidade hidrográfica representa o número de canais de escoamento por unidade de área. É dada pela relação :

$$F = \frac{\Sigma N_i}{A} \quad \ldots \ldots (km^{-2})$$

Ni: número de cursos de água.

$$\Rightarrow F = 10081/4150.9 = 2.42 \; km^{-2}.$$

1.11.3. Coeficiente de torrencialidade (CT)

$$C_T = \frac{N_1}{A} * D_d$$

$$\Rightarrow \quad C_T = 14.8$$

N1: número de rios de ordem 1 (N1 = 4975).

1.11.4. Tempo de concentração (TC)

O tempo de concentração é definido como o tempo que uma gota de água que cai no ponto mais distante da bacia hidrográfica leva para chegar ao escoadouro. É expresso pela fórmula de *Giandotti* [8].

$$T_c = \frac{4\sqrt{A} + 1.5*Lp}{0.8\sqrt{H_{moy} - H_{min}}} \quad \ldots \ldots (h)$$

Ou,

A: superfície da bacia (km2)

Lp: comprimento do aterro principal (km)

Hmoy: altitude média (m)

Hmin: altitude mínima (m).

$$\Rightarrow T_c = 20,70 \; h.$$

1.11.5. Velocidade do fluxo de água (ve)

É dada pela seguinte expressão.

$$v_e = \frac{L_p}{T_c} \quad \dots \text{(m/s)}$$

$$\Rightarrow \quad V_e = \frac{129}{74520} = 1.73 \text{ m/s}$$

O quadro seguinte resume as principais características da bacia de ëtudië.

Quadro I.6: Principais características morfométricas da bacia de Boussellam

Parâmetros	Símbolo	Unidade	Valor
Área	A	Km^2	4150.9
Perímetro	P	km	421.41
Índice de compactação	KG	/	1.83
Altitude máxima	Hmax	m	1757
Altitude mínima	Hmin	m	189
Altitude média	Hmoy	m	931
Índice de inclinação global	Ig	%	0.0038
Largura do retângulo equivalente	lr	km	21.99
Comprimento do retângulo equivalente	Lr	km	188.72
Denivelee	D	m	730
Nível específico	Ds	m	249.21
Altitude a 5%.	H5%	m	1250
Altitude a 95%.	H95%	m	520
Densidade de drenagem total	Dd	km/km^2	12.34
Tempo de concentração	Tc	horas	20.70
Classificação de Horton	ordem	/	7
Densidade hidrográfica	F	1/km^2	2.42

1.12. Conclusão parcial

Neste capítulo tentámos representar a bacia hidrográfica de Boussellam, conhecer a topografia, as condições climáticas e o estado atual da rede hidrográfica da região.

[2]Esta bacia tem uma superfície de aproximadamente 4.151 km, um diâmetro de 421 km, uma altitude média de 931 m, um relevo pouco acentuado e uma forma alongada. O Oued Boussellam, juntamente com o Oued Sahel, a oeste, é um dos dois principais afluentes do Oued Soummam.

A bacia de Boussellam é caracterizada por um clima húmido a sub-húmido a leste e a norte, um clima semi-árido no centro e um clima árido no sul. A precipitação é inferior a 300 mm no sul e superior a 500 mm no centro e no norte.

O conhecimento da região de estudo é muito importante antes de qualquer estudo aprofundado da bacia (hidrologia, erosão, transporte sólido, inundações, etc.). Neste estudo iremos focar-nos na phënomëne da erosão.

O fenómeno da erosão

Capítulo II. O fenómeno da erosão

11.1. Introdução

A erosão do solo é um fenómeno natural ou gëológico em que as partículas do solo são desprendidas e deslocadas por vários factores principais, que são: precipitação, vëgëtação, solo, gëomorfologia (declives em particular) e os impactos da utilização humana do solo. A erosão pode assumir diferentes formas que se combinam no tempo e no espaço: a erosão em lençol ou em ravina e a erosão linear ou em ravina, e tem consequências graves para o nosso ambiente e para as nossas actividades, podendo causar danos importantes.

As medidas de perda de solo são expressas localmente como a massa líquida de solo perdida durante um determinado período para uma determinada área de superfície (escala da parcela). A produção de sedimentos é definida como a massa de sedimentos libertada por uma bacia hidrográfica de qualquer dimensão durante um determinado período.

11.2. Definições

- A erosão do solo, ou seja, a deslocação do solo de um local para outro, resulta de três fenómenos principais. Ocorre naturalmente nas terras agrícolas, pela ação do vento e da água, e pode ser acelerada por certas actividades agrícolas (pousios, culturas em linha). É também causado diretamente pelo método de lavoura, que resulta no movimento progressivo do solo para baixo nas encostas, levando à perda de solo no topo e à acumulação na base das encostas [9,10].

- A erosão do solo é um termo comum que é frequentemente confundido com a degradação do solo no seu conjunto, mas que, de facto, se refere apenas à perda absoluta de solo em termos de camada superficial e de nutrientes. Este é o efeito mais visível da degradação do solo, mas não abrange todos os seus aspectos. A erosão do solo é um processo natural nas zonas montanhosas, mas é frequentemente amplificada por práticas de gestão deficientes [10].

11.3. Factores que influenciam a erosão

Para além dos factores gëológicos e topográficos, vários outros agentes têm uma influência direta ou indireta no processo de erosão das bacias hidrográficas. A chuva torrencial é o principal agente do fenómeno, sendo que a irregularidade da precipitação está associada a intensidades muito elevadas que podem provocar perdas consideráveis de solo. A multiplicidade de facturas que influenciam a erosão obriga-nos a conhecer os seus efeitos directos no processo erosivo.

11.3.1. Influência do clima

O clima é um fator importante que influencia a erosão hídrica através da natureza da precipitação e das temperaturas. Um clima agressivo, como o das regiões áridas e semi-áridas, caracteriza-se por chuvas intensas durante um curto período de tempo e longos períodos de seca. Estes dois elementos acentuam a erosão de forma notável: as temperaturas elevadas secam e fissuram o solo, tornando-o mais vulnerável à erosão, e as chuvas fortes utilizam níveis elevados de energia cinética para soltar e arrastar uma quantidade máxima de solo já muito fraco.

11.3.2. Influência do solo

Caracteriza-se pelo seu tipo, textura e estado. Na estação seca, a humidade do solo é quase inexistente, o que favorece a erosão hídrica durante as primeiras chuvas. Também influencia o escoamento através das suas capacidades de infiltração e de retenção.

11.3.3. Factores topográficos

Os factores topográficos essenciais são o declive da bacia hidrográfica, o relevo, a densidade de drenagem, a importância dos vales e das planícies aluviais, a orientação e a dimensão da bacia hidrográfica. Os declives acentuados com escoamento rápido são geralmente a causa de erosão excessiva, cuja extensão depende da geologia do solo e da proteção do coberto vegetal.

11.3.4. Factores geológicos

Trata-se de factores relacionados com as rochas superficiais. Se as rochas forem expostas à chuva, ao vento e às forças gravitacionais, a distribuição granulométrica dos solos pode deteriorar-se, a sua permeabilidade e a presença de certos elementos químicos e de matéria orgânica podem afetar a erodibilidade dos solos.

11.3.5. Conversão vegetal

Um bom coberto vegetal limita a erosão ao dissipar a energia da chuva. Favorece a infiltração e opõe-se a todas as formas de erosão.

11.3.6. Lavoura inadequada

A mobilização do solo tem dois efeitos opostos na erosão hídrica. Por um lado, limita a erosão ao aumentar a permeabilidade e a capacidade de retenção do solo e, por outro lado, promove a erosão ao reduzir a coesão e a estabilidade estrutural do solo durante a baixa pluviosidade (ou na primeira fase de uma chuva forte). Uma lavoura correcta reduz consideravelmente a erosão hídrica.

11.4. Tipos de erosão

11.4.1. Erosão eólica

O vento exerce uma pressão sobre as partículas sólidas em repouso na superfície exposta ao fluxo de ar, aplicada acima do centro de gravidade, à qual se opõe o atrito na base das partículas. Estas duas forças formam um binário que tende a fazer com que as partículas pesadas (0,5 a 2 mm) tombem e rolem, e a diferença de velocidade entre a base e o topo das partículas faz com que estas sejam aspiradas para cima. As partículas mais leves sobem verticalmente até que o gradiente de velocidade deixe de as transportar. Caem então para baixo, empurradas pelo vento, seguindo uma trajetória sub-horizontal. Ao caírem, estes grãos de areia transmitem a sua energia a outros grãos de areia (como num jogo de bolas) onde os agregados silto-argilosos se degradam, libertando poeiras [11].

A erosão eólica é mais frequente na África Ocidental, nas regiões tropicais secas, onde a precipitação anual é inferior a 600 mm, a estação seca dura mais de seis meses e a vegetação tipo estepe deixa grandes manchas de solo desnudado. Noutros locais, pode também desenvolver-se em condições de preparação do solo que conduzem a uma forte pulverização de materiais de superfície secos.

11.4.2. Erosão mecânica artificial ou seca

Este fenómeno de erosão não é causado pela água; é a mobilização do solo que arranca as partículas, as transporta e as deposita no fundo da parcela ou no aterro.

11.4.2.1. Factores de erosão mecânica

Os factores que influenciam a quantidade de solo movido são :
- O tipo de ferramenta
- Frequência das visitas
- Declive. Quanto mais íngreme for o declive, mais os torrões de terra rolam para baixo. Isto explica porque é que os topos das colinas são frequentemente dëcapës.

11.4.2.2. Orientação da lavoura

Esta pode ser orientada quer ao longo das curvas de nível, quer a partir do topo da parcela para baixo (o que é o caso dos tractores que trabalham em declives superiores a 15%), quer a partir da base da parcela para cima (para o trabalho manual, em particular). É muito raro que o solo seja levantado pelas ferramentas. Por outro lado, nas montanhas e nas zonas onde o solo é escasso, o solo é por vezes recolhido mecanicamente ou em pequenos cestos das planícies e levado para as montanhas, como é o caso da vinha. Verificou-se também que o movimento de ida e volta das ferramentas pode reduzir consideravelmente a velocidade de remoção pela erosão mëcânica [12].

11.4.3. Erosão hídrica

A erosão hídrica é um fenómeno complexo, que ameaça particularmente os potenciais da água e do solo. É definida como o desprendimento e transporte de partículas de solo do seu local original por vários agentes em direção a um local de dëp6t. Portanto, as três fases através das quais a erosão ocorre são o desprendimento, o transporte e a sedimentação. No entanto, deve ser salientado que a precipitação e o escoamento superficial são responsáveis pelo desprendimento, transporte e deposição das partículas de solo removidas. A erosão hídrica do solo pode ser definida como o desprendimento e a translocação de partículas de solo pela água que as deplaca do seu local original para novas áreas de deposição. A erosão do solo é normalmente reconhecida por incisões ou sedimentações que se formam na superfície da terra. A erosão hídrica do solo pode ser definida como o fenómeno pelo qual o solo perde algumas ou todas as suas partículas sob a ação da água [10].

11.4.3.1.   Mecanismo de erosão hídrica

Os principais mecanismos que conduzem à erosão hídrica são :

a)   Destacamento

a.1) Humedecimento devido ao impacto das gotas de chuva

Os quatro processos que podem ser identificados como responsáveis pela desagregação são :

- *Rebentamento,* que corresponde à desagregação por compressão do ar retido durante a humidificação (Fig. II.1). A intensidade do rebentamento depende, entre outros factores, do volume de ar retido e, por conseguinte, do teor de água inicial dos agregados e da sua porosidade.

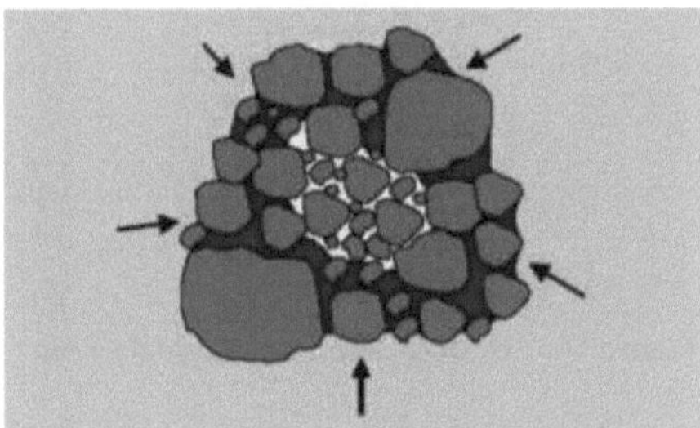

Figura II.1: Repartição dos agregados

- *Inchaço diferencial.* Este fenómeno ocorre como resultado do humedecimento e secagem das argilas, causando fissuras nos agregados. A extensão deste mëcaшsme dëpende em grande parte do conteúdo e da natureza da argila nos solos.

- *Dispersão físico-química.* Corresponde à redução das forças de atração entre as partículas coloidais durante a molhagem. Depende do tamanho e da valência dos catiões (especialmente o sódio) que podem ligar as cargas negativas do solo.

- *Desagregação mecânica* sob o impacto de gotas de chuva (= desagregação por salpicos) (Fig. II.2). O impacto das gotas de chuva pode fragmentar os agregados e, sobretudo, destacar as partículas da sua superfície.

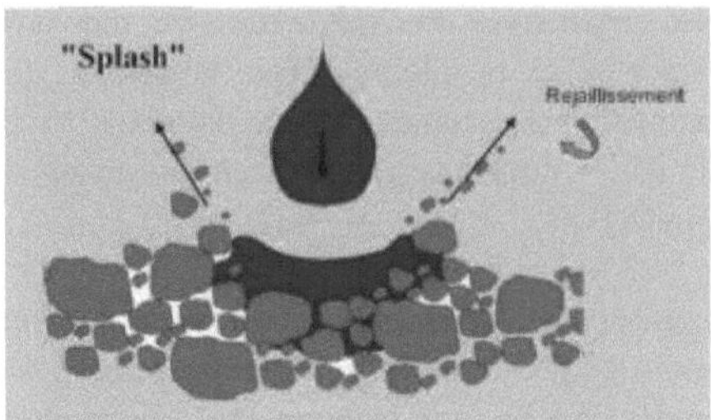

Figura II.2: Desprendimento por salpicos

a.2) Escoamento

A erosão do solo ocorre quando a água da chuva, que já não consegue infiltrar-se no solo, escorre sobre a parcela, arrastando as partículas do solo. Esta recusa do solo em absorver a água ocorre quando a intensidade da chuva é superior à infiltrabilidade da superfície do solo, ou quando a chuva cai sobre uma superfície parcial ou totalmente saturada por um lençol freático.

Estes dois tipos de escoamento ocorrem geralmente em ambientes muito diferentes. Uma vez desencadeado o escoamento numa parcela de terreno, a erosão pode assumir diferentes formas que se combinam no tempo e no espaço para dar origem a uma erosão difusa e/ou concentrada.

Note-se que o descolamento do escoamento superficial (Fig. II.3) ocorre quando a força de atrito da água sobre as partículas do solo é superior à resistência ao cisalhamento do solo, como mostra a figura abaixo.

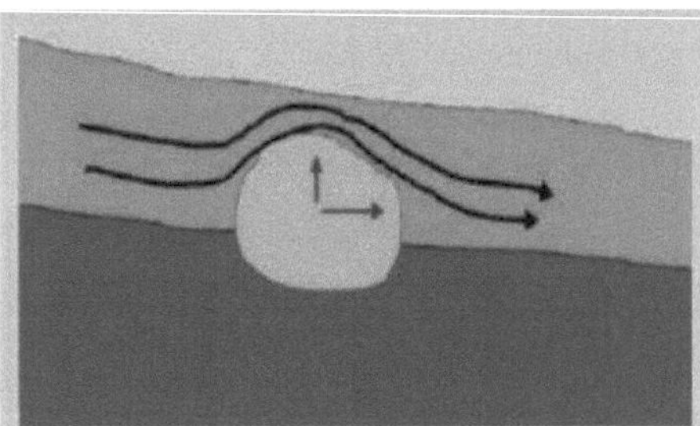

Figura II.3: Destacamento por curso de água

b) Transporte

Esta deve-se tanto às gotas de chuva (efeito de salpico) como à água de escoamento. O transporte é portanto assegurado por estas águas. No entanto, é de salientar que o transporte por efeito de salpico é geralmente negligenciável, exceto em declives acentuados. Por outro lado, a água de escoamento é a principal responsável pelo transporte das partículas de solo desprendidas.

c) Sedimentação (deposição)

O agente responsável pela sedimentação é a água de escoamento. As partículas retiradas do solo são depositadas entre o ponto de origem e o ponto a jusante, dependendo de:
- o seu tamanho
- a sua densidade

-      a capacidade de transporte do escoamento ou do curso de água.

As partículas são depositadas pela seguinte ordem:

-      Areia - Areia fina - Silte.

As argilas e os colóides são geralmente transportados para a foz do rio, onde se depositam após a evaporação da água ou após a floculação.

II.4.3.2. Exemplos de danos causados pela erosão hídrica

1)   No local

-      Perdas de solo e de nutrientes (Fig. II.4): as garras, finas ravinas formadas pela água, nomeadamente no cimo das encostas, à beira dos caminhos ou nos campos sulcados pela lavoura, transformam-se em ravinas por alargamento devido à concentração de escoamento excessivo.

-      Perdas de fertilizantes e de matéria orgânica.

-      Destruição da estrutura do solo.

-      A erosão das margens (Fig. II.5) provoca não só o recuo das margens do rio, mas também um aumento da carga de partículas da água do rio [10].

Figura II.4: Decapagem da superfície do solo

Figura II.5: Erosão das margens de um rio pelo curso de água

2) Fora do local

- Carregam os rios com matéria em suspensão, provocando um aumento da turvação da água que altera o equilíbrio trófico.
- Cheias de lama.
- Assoreamento dos leitos dos rios.

Figura II.6: Assoreamento dos leitos dos rios

11.5. Questões de conservação do solo na bacia mediterrânica [9,13].

Dado que a degradação do solo afecta a sua capacidade de cumprir as suas funções ecológicas e as utilizações socioeconómicas que dele dependem, a conservação do solo é uma questão política e social. As medidas que podem ser adoptadas para responder a este desafio são muito diversas.

11.5.1. Questões agrícolas

A agricultura tem uma grande importância económica na maioria dos países mediterrânicos e é acompanhada por uma grande indústria de transformação alimentar, tanto a montante como a jusante. Constitui, por conseguinte, uma importante fonte de emprego, sobretudo nas regiões onde continua a ser a atividade mais importante. A preservação do potencial agrícola mediterrânico é, pois, um fator essencial para a manutenção da estrutura social e económica das nossas sociedades.

11.5.2. Questões territoriais

O equilíbrio entre as actividades económicas das diferentes regiões de um país depende, entre outras coisas, do estado da sua economia agrícola e rural. A degradação dos solos pode, portanto, tornar-se a causa de grandes desequilíbrios territoriais. A degradação das terras marginais pode levar ao seu abandono e à migração das populações rurais para as cidades, o que coloca graves problemas.

Capítulo II: O fenómeno da erosão tem implicações económicas e sociais em termos de ordenamento do território e de emprego. No contexto de um crescimento populacional sustentado nos países do sul e do leste do Mediterrâneo, é necessário manter zonas rurais capazes de suportar uma grande população em condições económicas e sociais satisfatórias.

11.5.3. Questões paisagísticas

A agricultura desempenha um papel fundamental na gestão dos recursos naturais, dos espaços e das paisagens mediterrânicas. No entanto, o abandono de certas zonas outrora cultivadas (socalcos, sistemas de gestão da água) pode conduzir a uma degradação irreversível. Nestes casos, a degradação dos solos está ligada ao desaparecimento de certos ecossistemas mediterrânicos típicos.

11.5.4. Questões ambientais

Os solos são um compartimento fundamental dos ecossistemas: a sua degradação tem, por conseguinte, geralmente impactos importantes em todos os outros compartimentos e afecta seriamente a composição e a diversidade da flora e da fauna, bem como os ciclos da água e dos nutrientes. A manutenção da diversidade biológica do ambiente mediterrânico implica a integração de considerações ecológicas no planeamento do desenvolvimento agrícola e urbano. Em particular, é necessário garantir que a artificialização dos solos não destrua de forma irreversível ecossistemas preciosos.

11.6. Luta contra a erosão hídrica

A adoção de certas práticas de conservação, como a cultura intercalar, a instalação de bacias de retenção de água e a construção de terraços, pode ajudar a reduzir a erosão do solo. No entanto, estas medidas só podem ser eficazes se as zonas de risco de erosão do solo forem identificadas. Por conseguinte, é necessária uma abordagem quantitativa para definir melhor essas zonas, com vista a melhorar a gestão das terras. O desenvolvimento e o aperfeiçoamento de métodos de análise das fontes de sedimentos e de monitorização são importantes para determinar as zonas onde a erosão do solo e a produção de sedimentos são críticas [12,13].

Para serem eficazes, estes métodos de controlo devem estar localizados em duas zonas distintas:

- Uma zona de escoamento,
- Uma zona sensível que acumula precipitação.

Há que ter em conta dois aspectos:

- O aspeto agronómico (preventivo), que abrange as técnicas de cultivo: cobertura do solo, estrutura do solo.
- Aspeto hidráulico (correção): diversos melhoramentos (bancos, terraços, etc.).

II.7. Conclusão parcial

O fenómeno da erosão faz parte da revolução geológica da paisagem sob o efeito da água e do vento. A erosão da superfície terrestre tem continuado ao longo dos tempos. O movimento, o transporte e a saída de materiais são fenómenos naturais que podem ser observados a qualquer momento e em qualquer lugar. Os agentes mais eficazes da erosão são a chuva, o escoamento superficial e o vento. A ação das ondas, do gelo e dos glaciares está limitada a regiões de extensão restrita, mas é significativa nas zonas costeiras e nas regiões glaciares. O fenómeno da erosão hídrica começa com o impacto da primeira gota de chuva. Este fenómeno provoca numerosos danos ambientais e terá repercussões importantes nas nossas actividades.

Esta investigação sobre a erosão permitiu-nos adquirir um conhecimento e uma boa compreensão do fenómeno da erosão, de modo a podermos obter os resultados esperados e atingir o nosso objetivo, que é o de quantificar a erosão hídrica na bacia de Boussellam.

Estimativa da erosão por RÚSTICO

Capítulo III: Estimativa da erosão utilizando a RUSLE

III.1 Introdução

A degradação do solo é definida como um processo que reduz o potencial de produção dos solos ou a qualidade dos recursos naturais. A erosão hídrica é o principal fator de degradação dos recursos do solo.

A proteção de áreas erodidas, bem como a avaliação dos factores que controlam a erosão e as suas características, são tarefas complexas que podem ser resolvidas através da integração de várias fontes de dados (dados espaciais, medições e levantamentos de campo e imagens de satélite) em sistemas de processamento geo-espacial, como os sistemas de informação geográfica (SIG).

III.2 Métodos de avaliação da erosão

São utilizados vários métodos para avaliar os riscos de erosão do solo. Assim, podem ser utilizados dois modelos de previsão da perda de solo ou da erosão, dada a sua adaptabilidade universal. Estes são o modelo R.U.S.L.E (Revised *Universal* Soil *Loss Equation)* e o modelo Gravilovic (Erosion Potential Method) para prever, respetivamente, a perda de solo ao nível do declive e a produção de sedimentos ao nível da saída da sub-bacia [14].

No presente estudo, apenas o modelo RUSLE será estudado para quantificar as perdas de solo na bacia hidrográfica de Boussellam.

A abordagem utilizada consiste inicialmente em detetar os factores que desencadeiam a erosão e em espacializá-los utilizando imagens de satélite Landsat. Os dados de deteção remota multitemporal e o SIG são utilizados para avaliar e cartografar cada fator individualmente. A modelação preditiva num ambiente SIG oferece uma oportunidade para a avaliação do risco de erosão. Os dados sobre a erosão em relação a determinados indicadores são recolhidos, calibrados e introduzidos numa base de dados SIG, após o que são modelados espacialmente para representar o risco de erosão do solo em qualquer caraterística da paisagem selecionada.

Foram criadas camadas individuais para cada parâmetro do modelo RUSLE, sendo depois combinadas através de um procedimento de modelação utilizando o software ArcGIS. Todas as camadas têm ële projectedëes na zona UTM 31N utilizando WGS 1984. A metodologia adoptada é

para realizar este estudo é apresentado na figura abaixo [7,15,19].

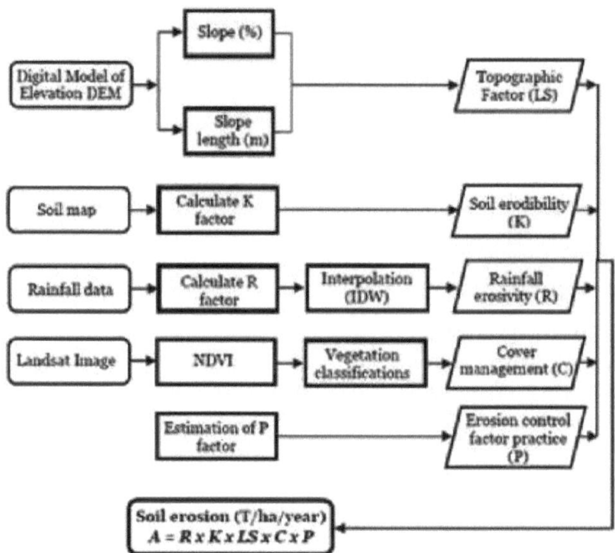

Figura III.1: Metodologia utilizada para avaliar a erosão hídrica na bacia hidrográfica de Boussellam

III.3. O modelo RUSLE

O modële RUSLE [16] é o dëveloppement do liquation USLE [17]. Este último é amplamente adaptëe a todas as escalas ë. Basicamente, tem a vantagem de fornecer estimativas a longo prazo das perdas médias anuais de solo em pequenas áreas e é considerado um "bom modelo" se o objetivo da modelação for chegar a estimativas globais da erosão do solo.

O modelo RUSLE assume a forma de uma equação de modelo que utiliza factores de erosão como entradas para estimar as perdas médias anuais de solo resultantes da erosão de lençóis e ravinas. Este modelo não considera os processos de erosão, tais como o desprendimento, o transporte e o dëp6t [18]. Mantém a mesma forma que a equação usada no modelo USLE, e que é apresentada como a seguinte relação.

$$A = R * K * LS * C * P \qquad \ldots\ldots\ldots (III.1)$$

Ou :

A: é a taxa anual de perda de solo (t/(ha.ano))

Capítulo III: Estimativa da erosão por RUSLE **R:** é o fator de erosividade da chuva, corresponde à média anual das somas dos produtos da energia cinética da chuva pela sua intensidade em 30 minutos consecutivos ((MJ -mm)/(ha -h- yr))

K: é a erodibilidade dos solos, e depende da granulometria, da quantidade de matéria orgânica, da permeabilidade e da estrutura do solo ((t.h.ha)/(MJ.ha.mm))

LS: é um fator adimensional que representa o declive (S em %) e o comprimento do declive (L em m)

C: é um fator adimensional que representa o efeito do coberto vegetal

P: é um fator adimensional, um rácio que tem em conta as técnicas de cultivo anti-erosivas, como a lavoura de contorno.

O objetivo deste desenvolvimento é :
- Alargar a gama de variação do fator R a novas áreas
- Desenvolvimento de um termo de suscetibilidade à erosão do solo periodicamente variável (K) e métodos alternativos para estimar (K)
- Um novo método de cálculo do fator (C)
- Outras fórmulas para estimar o fator (LS), tendo em conta a topografia variável.

III.4. Resultados e discussão

111.4.1.   Cálculo do fator de agressividade da chuva (R)

A estimativa do fator (R) de acordo com a fórmula de Wischmeier requer o conhecimento das energias cinéticas (E_c) e da intensidade média em 30 minutos (I_{30}) das gotas de chuva em cada chuva. Estas são dadas pela seguinte fórmula empírica [18].

$$R = K. E_c .I_{30}$$

(K) é um coeficiente que depende do sistema de unidades de medida.

Os únicos dados de precipitação disponíveis das estações na bacia ou perto dela são as médias mensais e anuais.

Autores como *Kalman (1967), Arnoldus (1987) e Rango & Arnoldus (1987)* [7,9,15,19] desenvolveram fórmulas alternativas que utilizam apenas a precipitação mensal e anual para determinar o fator (R).

$$\log R = 1.74.\log\sum (P_i^2/P) + 1.29 \quad \ldots\ldots\ldots \quad (III.2)$$

Ou :

P_i: Precipitação média mensal (mm)

P: precipitação média anual (mm).

Os resultados do cálculo do coeficiente de erosividade (R) são apresentados no quadro (III.1).

Tabela III.1: Valores médios mensais e anuais de precipitação em (mm) e R para o período (1970 -2017) [4,6]

N°	Código	Sete	outubro	Nov	Dez	Jan	Fev	Mar	abril	maio	junho	julho	agosto	P an	R
1	50403	24.81	34.25	38.5	47.42	40.62	41.56	38.69	42.86	39.89	17.46	6.38	8.97	390.75	55.015
2	50501	24.69	31.53	36.47	75.93	68.58	49.17	52.17	40.05	27.45	14.34	4.36	6.99	400.58	72.83
3	50503	26.61	34.3	42.86	70.49	66.83	55.2	52.41	46.29	35.89	16.71	5.59	8.68	452.74	70.14
4	50603	27.78	32.42	34.35	26.47	31.27	30.07	31.78	34.73	38.66	20.56	7.9	10.13	346.4	45.70
5	50606	32.95	36.72	37.18	63.73	48.28	39.9	43.92	40.81	43.43	21.81	8.35	11.11	420.32	61.99
6	50607	33.29	37.74	39.38	54.83	49.55	41.49	45.86	43.36	44.3	22.06	8.39	11.22	432.45	60.53
7	50608	32.81	36.88	39.5	60.29	52.54	46.1	51.62	46.77	43.59	20.85	7.87	10.75	441.99	64.47
8	50614	28.3	34.36	37.18	40.26	38.19	33.52	33.89	37.62	40.01	21.32	8.02	10.43	370.9	51.39
9	50703	27.52	47.98	57.82	98.92	92.93	84.26	65.88	57.64	43.85	15.81	4.81	7.84	612.82	88.38
10	50706	36.07	46.51	52.04	81.51	70.6	61.89	62.65	52.45	49.13	20.93	7.89	11.22	555.94	76.48
11	150707	29.51	31.73	39.07	50.84	39.87	36.72	42.53	37.81	39.8	20.59	8.32	9.06	385.85	55.76
12	50802	31.79	39.72	48.14	80.6	61.97	57.97	59.23	55.47	45.3	19.79	7.16	10.37	500.62	75.58
13	150904	26.31	32.83	43.04	62.16	56.59	42.31	42.82	38.37	29.24	8.14	4.49	8.55	394.85	61.81
14	51002	25.07	44.74	52.38	79.57	80.95	70.22	55.25	48.55	36.31	14.16	3.91	6.37	532.52	76.76
15	51003	37.57	63.96	82.2	126.63	117.8	104.15	81.45	59.61	36.99	15.84	3.26	5.42	735.29	107.26
16	51007	32.85	69.44	87.4	149.13	142.5	116.78	98.94	75.32	47.48	16.31	4.19	7.56	834.52	122.51
17	70103	43.06	26.73	34.33	45.62	52.57	43.02	43.17	45.29	37.05	25.12	4.33	15.91	416.2	58.96
18	100106	27.43	54.41	60.91	115.44	98.83	112.01	94.74	94.73	49.35	15.19	6.64	5.4	735.08	105.89
19	1510	48	89	98	122	113	111	89	74	42	14	7	11	818	110.80
20	70102	30	32	39.5	50.8	40.1	37	42.6	38	40	20.4	8.89	9.8	389.09	55.90
21	150602	29.51	31.73	39	50.84	39.87	36.72	42.53	37.81	39.8	20.59	8.32	8.5	385.22	55.79
22	51111	27.93	34.66	36.88	40.12	37.11	33.52	33.89	37.62	39	21.5	8	9.43	359.66	51.93
23	51011	23.7	19	17.6	24	20.56	18.75	21.55	25.75	30.8	9.1	8.25	10	229.06	36.82
24	50901	26.6	28.8	35.27	42.85	47.47	32.47	28.67	33.3	29.8	7	5.4	4.19	321.82	51.81

| 25 | **150801** | 33.12 | 26.89 | 31.3 | 38.47 | 36.56 | 27.24 | 31.12 | 39.59 | 38.54 | 15.94 | 3.97 | 11.44 | 333.88 | 50.18 |

O mapa de erosividade sintetizado a partir da espacialização das estações hidrológicas mostra que o valor do fator R varia de 36,82 a 122,51 MJ.mm/ha.h.an (Fig. III.2). Os valores mais elevados de ëlevë são registados no norte da bacia, enquanto os valores mais baixos são registados no sul. De facto, os valores de R sofrem um gradiente crescente do sul para o norte da bacia hidrográfica (de montante para jusante).

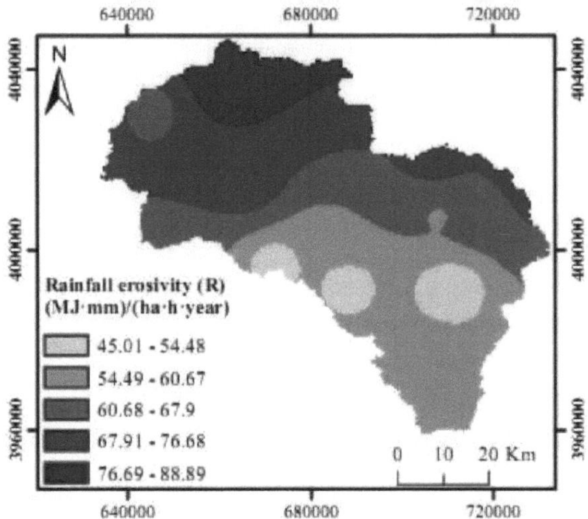

Figura III.2: Mapa do fator (R)

1.1.1. % da superfície total da bacia hidrográfica está sujeita a uma elevada agressividade climática, correspondente a uma classe R superior a 67,91 MJ.mm/ha.h.a. Os valores de R variam entre 44 e 140 MJ.mm/ha.h.ano, com uma média de 65,33 MJ.mm/ha.h.ano. Os valores mais baixos de R na classe (45,01 a 54,48 MJ.mm/ha.h.yr) situam-se no sul da bacia hidrográfica, enquanto os valores mais elevados (> 76,68 MJ.mm/ha.h.yr) se situam no norte da bacia hidrográfica e nas zonas montanhosas. Estes valores mostram que a bacia hidrográfica de Boussellam está sujeita a precipitações agressivas.

1.1.2. Determinação do fator topográfico (LS)

O fator topográfico combina os efeitos do comprimento do declive (L) e da inclinação do declive (S) na erosão [16]. O comprimento do declive determina a velocidade do escoamento superficial e o transporte de partículas aumenta com o comprimento da parcela.

As equações utilizadas para calcular o fator (LS) são :

- F = (Sin("slope_degree" * 0.01745) / 0.0896) / (3 * Power(Sin("slope_degree" * 0.01745),0.8) + 0.56)) .... (III.3)

- m = "F" / (1 + "F") .... (III.4)

- L = Power(("FlowAcc" + 625), ("m" + 1)) – Power("FlowAcc", ("m" + 1)) / Power(25,("m" +2)) * Power(22.13,"m")) .... (III.5)

- S = Con(Tan("slope_degree" * 0.01745) < 0.09,(10.8 * Sin("slope_degree" * 0.01745) + 0.03),(16.8 * Sin("slope_degree" * 0.01745) - 0.5)) .... (III.6)

__Capítulo III: Estimativa da erosão por RUSLE__ Os valores obtidos para o fator LS foram agrupados em cinco classes de valores (Fig. III.3). A distribuição do fator topográfico (LS) mostra que 99,99 % da área da bacia hidrográfica se enquadra na classe 0,03 a 5. Consequentemente, a maior parte da bacia hidrográfica está sujeita a um elevado risco de erosão.

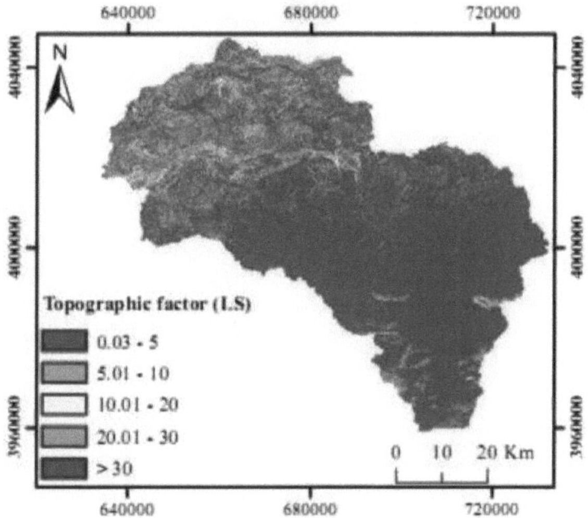

Figura III.3: Mapa de factores (LS)

1.1.3. Determinação do fator de erodibilidade do solo (K)

A hidrodibilidade de um solo é expressa pela sua resistência inerente ao desprendimento e transporte de partículas pela água. O fator ërodГbilitë (K) de um solo exprime a sua sensibilidade à erosão hídrica e depende das suas propriedades intrínsecas, ou seja, da sua textura, estrutura e permeabilidade. É determinado pela seguinte relação [16,17].

$$100K = 2.1 * M^{1.14} * 10^{-4} (12 - a) + 3.25 * (b - 2) + 2.5 * (c - 3)$$ .... (III.7)

Ou :

M = (% Silte) x (100 - % Argila)

a: percentagem de matéria orgânica **b:** código de estrutura **c:** código de permeabilidade.

Depois de descarregar os mapas de matéria orgânica, areia e argila do sítio Web (https://soilgrids.org/#!/? layer=ORCDRC_M_sl2_250m&vetor=1), calculamos o parâmetro

(M) pela fórmula (Ш.8), e depois derivamos os códigos (b) e (c) utilizando a diagramas abaixo [8].

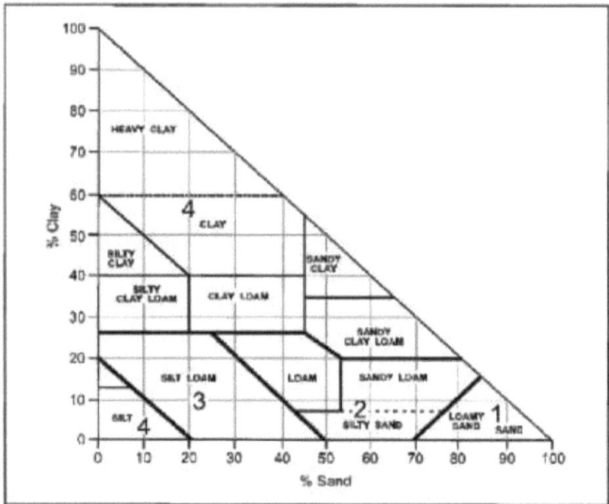

Figura III.4: Código da estrutura (b)

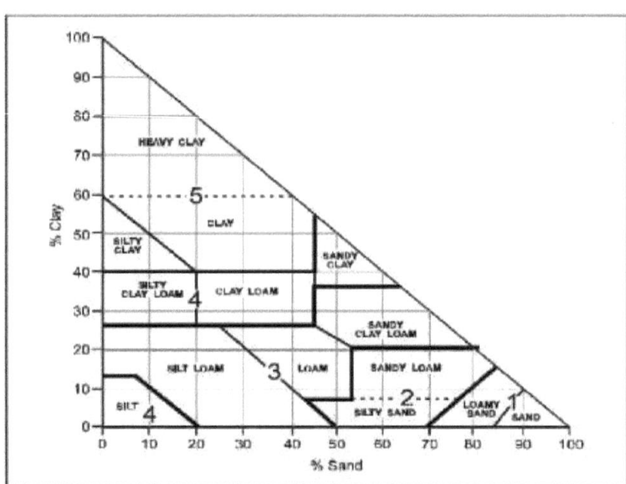

Figura III.5: Código de permeabilidade (c)

A Figura (Ш.6) mostra um mapa do fator de ërodibilitë (K) para a bacia hidrográfica de Boussellam.

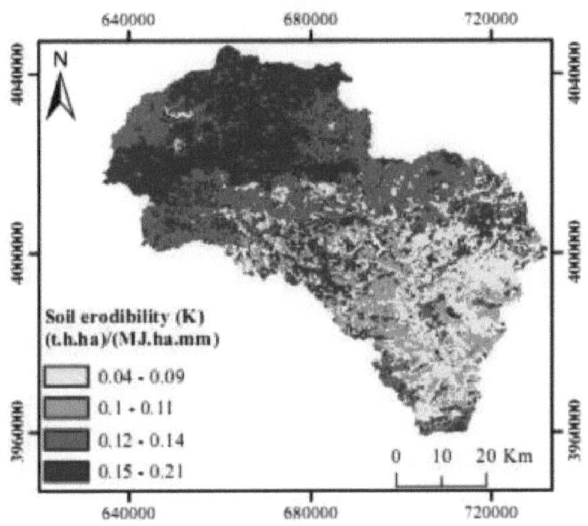

Figura III.6: Mapa do fator (K)

Os resultados mostram que a maioria dos solos na área de captação (67%) tem uma baixa ërodibilitë (< 0,2). Essas regiões são caracterizadas por uma litologia impermeável que compreende fácies cársticas e arenosas. Apenas 33% da área de superfície da bacia hidrográfica tem uma ërodibilitë ëlevëe superior a 0,2, localizada principalmente no meio e no sul da bacia hidrográfica. O valor médio do fator (K) é de 0,11 (t.h.ha)/(MJ.ha.mm).

111.4.4.   Prática anti-erosiva (P)

O fator (P) (que varia de 0 a 1) designa as práticas culturais anti erosivas. Estas práticas afectam proporcionalmente a erosão, modificando o padrão de fluxo ou a direção do escoamento superficial e reduzindo a quantidade e a velocidade do escoamento.

A representação cartográfica do mapa de declives da bacia de Boussellam (*Fig. 1.13- Cap. I*) mostra que os declives inferiores a 19° constituem 84% da superfície total da bacia e os declives superiores a 69° constituem quase 4% da superfície total. A percentagem muito elevada de declives suaves prova a raridade das práticas anti-erosivas na bacia hidrográfica [17].

Os valores obtidos para este fator são 26,6% para P = 1, 47,47% para P = 0,9 e 25,92% para P = 0,55. O valor médio do fator (P) é de 0,77; é próximo de 1, o que confirma a inexistência de práticas de controlo da erosão na bacia.

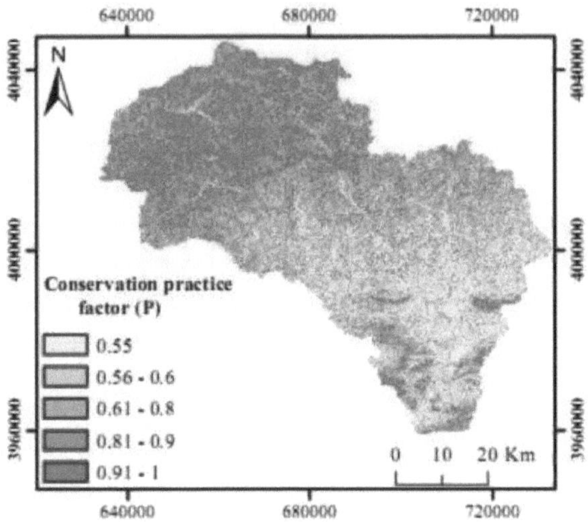

Figura III.7: Mapa do fator (P)

111.4.5.   Utilização do solo (C)

O fator "cobertura vegetal" (C) é o segundo fator mais importante que controla o risco de erosão do solo. Este fator adimensional pode ser estimado a partir do índice de vëgëtação de diferença normalizada (NDVI), dëterminë de imagens de satélite. De facto, o valor deste fator depende da natureza da vegetação e da percentagem de cobertura vegetal [15,20].

As imagens de satélite foram recolhidas pelo USGS (http://landsat.usgs.gov/), nos satélites Landsat 5 e 8, com uma resolução de 30*30 pixéis.

As duas imagens foram tiradas em dias claros (não nublados ou com neve) e consistem em duas cenas:

Para o período seco, a data de aquisição é 06/07/2015 e 13/07/2015.

Para o período húmido, a data de aquisição é 18/03/2016 e 25/03/2016.

a)   Princípio da teledeteção

O princípio da teledeteção é semelhante ao da visão humana. A deteção remota é o resultado da interação de três elementos fundamentais:

- O alvo é o elemento ou parte da superfície terrestre observada pelo satélite.
- A fonte de energia que ilumina o alvo através da emissão de uma onda electromagnética.
- O sensor ou a plataforma de deteção remota mede a energia reflectida pelo alvo.

b)   O que é o NDVI?

O NDVI é construído a partir dos canais do vermelho (R) e do infravermelho próximo (NIR). O índice de vegetação normalizado destaca a diferença entre a banda do vermelho visível e a banda do infravermelho próximo [10].

$$NDVI = (NIR - R) / NIR + R \qquad \text{.......... (III.8)}$$

$$NDVI = (band4 - band3) / (band4 + band3) \text{ pour Landsat TM5 et TM7}$$

$$NDVI = (band5 - band4) / (band5 + band4) \text{ pour Landsat LC08}$$

Este índice é sensível ao vigor e à quantidade de vegetação. Os valores do NDVI variam entre

-1 e +1, correspondendo os valores negativos a superfícies que não são cobertas por vegetação, como a neve, a água ou as nuvens, para as quais a reflectância no vermelho é superior à do infravermelho próximo. Para o solo nu, as reflectâncias no vermelho e no infravermelho próximo são aproximadamente da mesma ordem de grandeza, pelo que o NDVI tem valores próximos de 0.

As formações vegetais apresentam valores de NDVI positivos, geralmente entre 0,1 e 0,7. Os valores mais elevados correspondem ao coberto mais denso.

c) Etapas da determinação do índice NDVI

O NDVI é um número que indica a probabilidade de a área observada conter vegetação. É geralmente utilizado na deteção remota. O NDVI pode ser calculado a partir da quantidade de luz que a área observada reflecte nas regiões do infravermelho próximo e do vermelho do espetro de luz. Estas instruções fornecem os passos para calcular o NDVI.

- Examine a importância da reflectância espetral na região do infravermelho próximo. As plantas tendem a refletir a luz nesta região porque não há energia suficiente para a fotossíntese. Um fator de reflectância elevado nesta região aumenta, portanto, a probabilidade de a área observada conter vegetação.

- Examine a importância da reflectância espetral na região do vermelho. As plantas tendem a absorver a luz nesta região, uma vez que existe energia suficiente para a fotossíntese, mas não tanta. Um fator de reflectância baixo nesta região aumenta, portanto, a probabilidade de a área observada conter vegetação.

- Defina NDVI matematicamente como NDVI = (NIR - RED) / (NIR + RED). Valores mais elevados de NDVI resultarão num valor NIR elevado e num valor RED baixo, indicando vegetação.

- Examinar a gama NDVI.

-Interpretação dos valores NDVI. A vegetação densa deve ter um valor NDVI entre 0,3 e 0,8. As nuvens e a neve terão valores negativos de NDVI.

A classificação da vegetação é efectuada utilizando as seguintes condições de limiarização [15, 21]:

NDVI < -0,1 : Água

-0.1 < NDVI < 0.15 : Solo nu

0,15 < NDVI < 0,25 : Vegetação esparsa

0,25 < NDVI < 0,4 : Vegetação moderadamente densa

NDVI > 0,4 : Vegetação densa

Para estimar os valores do fator C na área de estudo, foi utilizada uma regressão polinomial entre C e NDVI. Estes valores são retirados do diagrama experimental apresentado na figura (III.8) [22].

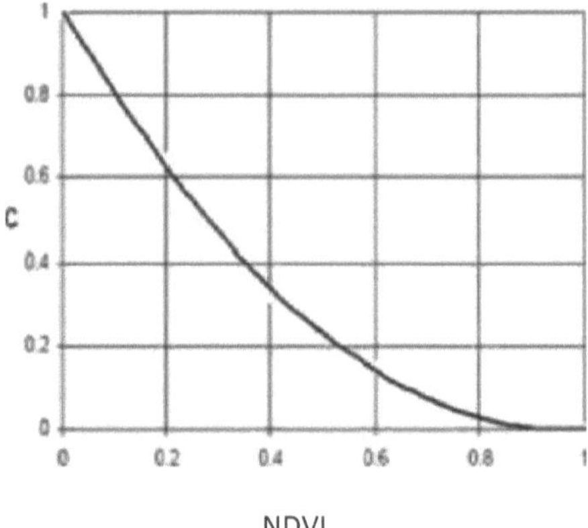

Figura III.8: Diagrama experimental para estimar o fator (C) [22].

[2]A equação da curva polinomial resultante da regressão é: **C = 1,1119 * (NDVI) - 2,0976**

$$C = 1.1119 * (NDVI)^2 - 2.0976 * (NDVI) + 0.9944 \qquad \ldots\ldots\ldots \text{(III.9)}$$

A figura (III.9) apresenta o mosaico raster que cobre a bacia de Boussellam (julho de 2015).

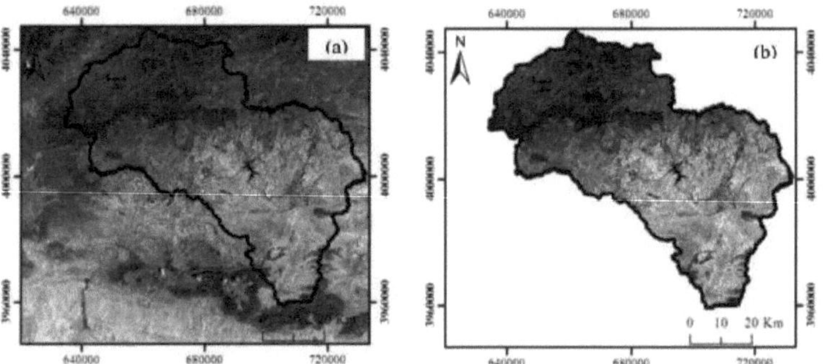

Figura III.9: Preparação das imagens de satélite. a) *Mosaico de duas cenas que cobrem a B.V. (LC08_Band 4_Julho 2015).* **b)** *Extrato de imagens que cobrem a B.V. de Boussellam*

As figuras (III.10) e (Ш.11) mostram os valores de NDVI na bacia de Boussellam.

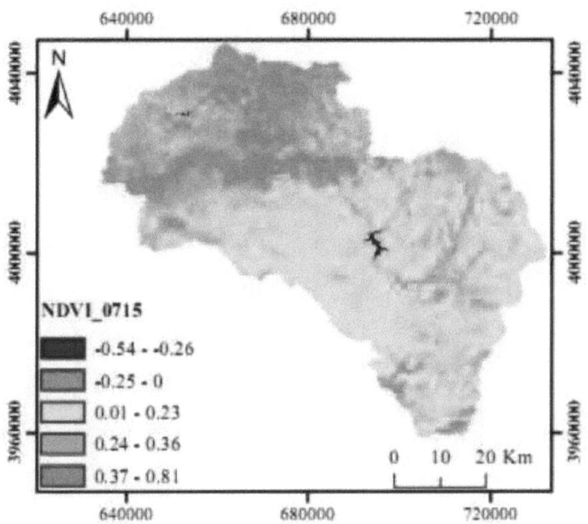

Figura III.10: Mapa dos valores NDVI (julho de 2015)

O estudo do NDVI mostrou que existe uma variação na cobertura vegetal entre os períodos húmido e seco. Os valores mais ëlevëes (0,3 a 0,86) correspondentes a uma vëgëtação densa estão localizados no Norte para ambos os përiodos. A vëgëtação diminui gradualmente em direção ao sul. Esta área é considerada uma zona de dëgradëe.

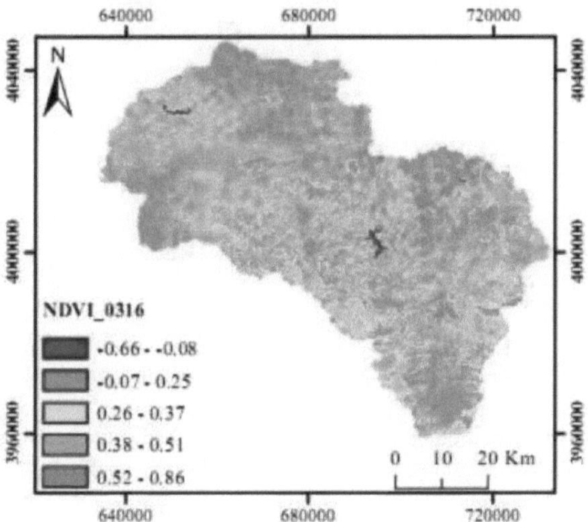

Figura III.11: Mapa dos valores NDVI (março de 2016)

Os mapas do fator C (Figs. Ш.12 e III.13) são gënërëes utilizando a liquidação polinomial (Eq. Ш.9). Para valores negativos de NDVI, o fator C é
consideraërë como nulo porque não há cobertura vegetal (água) nestas superfícies.

41

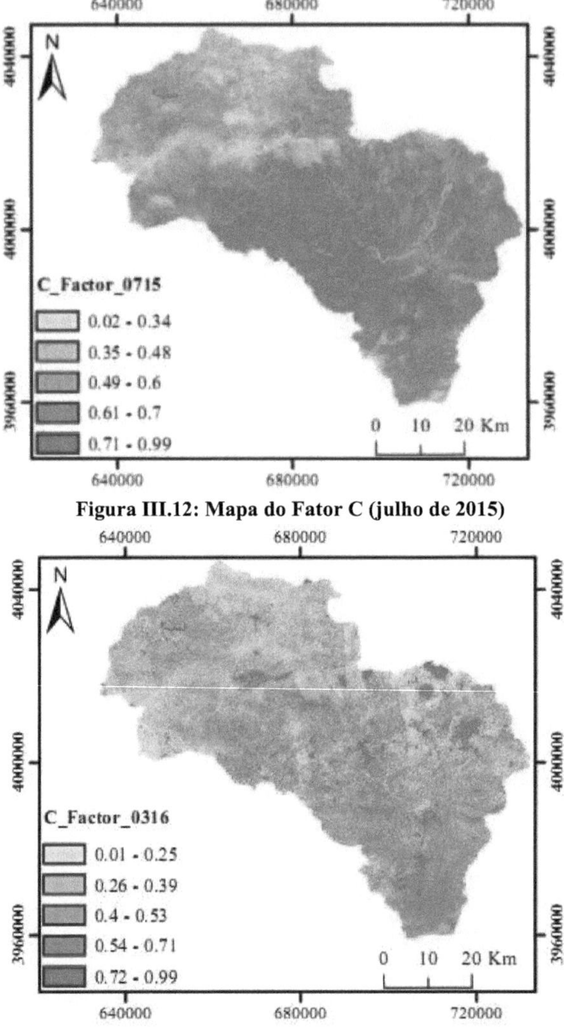

Figura III.12: Mapa do Fator C (julho de 2015)

Figura III.13: Mapa do Fator C (março de 2016)

Os resultados obtidos mostram que mais de 80% da área da bacia apresenta cobertura vëgëtal muito baixa para ambos os períodos, sendo que apenas 7% (para julho de 2015) e 19% (para março de 2016) dessa área apresenta boas protëgëes com C < 0,3.

A maior parte da bacia é caracterizada por valores do fator (C) entre 0,5 e 0,7. Estas áreas são vëgëtations modërëes. A segunda maior classe é composta por valores que variam de 0,4 a 0,6. As regiões em que se localiza esta segunda classe situam-se principalmente no norte e centro da bacia hidrográfica, com vegetação variada. Este facto pode ser explicado pela predominância de pastagens degradadas e áreas aráveis que são consideradas muito sensíveis à erosão.

III.4.6. Taxa anual de perda de solo (A)

Sobrepondo os mapas dos factores de erosão hídrica do solo, foi possível obter um mapa das perdas de solo em todos os pontos da bacia hidrográfica de Boussellam (Figs. III.14 e III.15). As perdas de solo variam de 0,0058 a 578,39 t/ha/ano para julho de 2015, com uma média de 258,06 t/ha/ano, e de 0,0013 a 1164,89 t/ha/ano para março de 2016, com uma média de 190.92 t/ha/ano, reflectindo a elevada erosão da bacia. 66% da área da bacia para março de 2016 e 56% da área da bacia para julho de 2015 tiveram perdas abaixo do limiar de tolerância (< 7 t/ha/ano).

A parte sul da bacia caracteriza-se por um baixo risco erosivo. O terreno nestas zonas é praticamente plano (declive inferior a 11,5%).

Os valores mais elevados encontram-se na parte norte da bacia hidrográfica. O risco erosivo é importante nestas regiões devido ao declive acentuado das encostas, mas também devido às temperaturas elevadas.

Valores do fator R apesar da presença de vëgëtação densa nestas áreas.

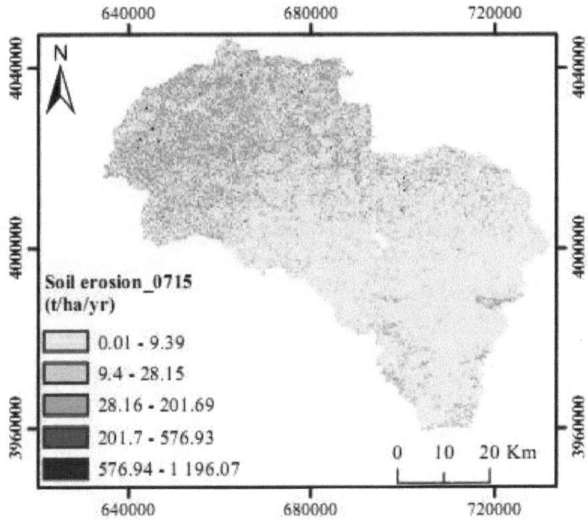

Figura III.14: Taxa anual de perda de solo (julho de 2015) em (t/ha/ano)

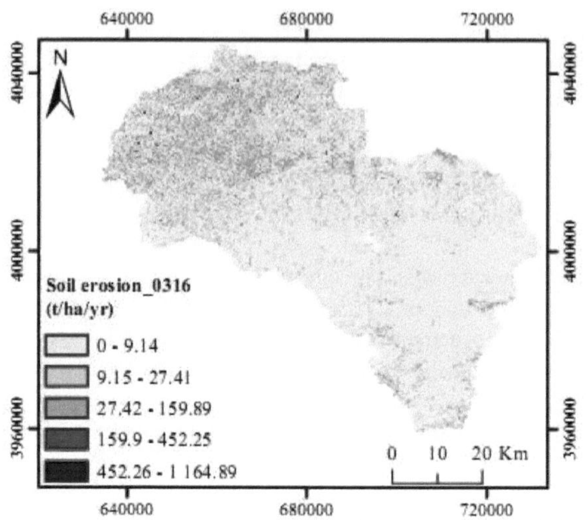

Figura III.15: Taxa anual de perda de solo (março de 2016) em (t/ha/ano)

111.5. Conclusão parcial

Os resultados obtidos mostram que os solos da bacia hidrográfica de Boussellam são afectados por vários factores que favorecem a erosão, nomeadamente a inclinação das encostas, a fraca cobertura vegetal e a erodibilidade dos solos. Indicam igualmente que a bacia hidrográfica de Boussellam está sujeita a uma forte erosão, com perdas que variam entre 27 e 1196 t/ha/ano, afectando 34% da superfície em março de 2016 e 43,34% em julho de 2015.

Conclusão geral

Conclusão geral

A revisão da literatura proporcionou-nos uma boa compreensão da topografia, das condições climáticas, das características morfométricas e da rede hidrográfica da bacia hidrográfica de Boussellam.

Além disso, a utilização de SIG e de tëlëdëtection permitiu aplicar métodos teónicos para resolver problemas de análise espacial e para processar dados geográficos.

Os resultados obtidos mostram que os solos da bacia hidrográfica de Boussellam são afectados por vários factores que favorecem a erosão, nomeadamente a inclinação das encostas, a fraca cobertura vegetal e a erodibilidade dos solos. Indicam igualmente que a bacia hidrográfica está sujeita a uma forte erosão, com perdas que variam entre 27 e 1196 t/ha/ano, afectando 34% da superfície em março de 2016 e 43,34% em julho de 2015. Esta situação grave no norte da bacia hidrográfica é agravada por um conjunto de factores que se conjugam para acelerar a erosão: declives acentuados, precipitação preocupantemente agressiva, degradação alarmante do coberto vegetal e solos altamente erodíveis.

O estudo mostrou que a aplicação do modelo RUSLE pode fornecer uma ajuda importante aos decisores no planeamento de intervenções para combater os danos causados pela erosão.

Há uma série de questões que devem ser abordadas:

- Evolução sazonal dos valores de NDVI durante um longo período utilizando a deteção remota.
- Análise do solo para validar os resultados do fator K.
- Estudos avançados em geologia, geofísica e hidrogeologia.

Referências

47

Referências

[1] A. Amour, Caracterisations des inondes pluviales des sous bassins de la Soummam. *Memoire de Magister en Hydraulique generale*, Universite de Bejaia, (2010).

[2] S. Djenba, Influence des parametres geologique, geomorphologique et hydrogeologique sur le comportement mecanique des sols de la wilaya de Setif. (Argélia). *These de Doctorat en Sciences,* Universite de Biskra, (2015).

[3] D. Sersoub, Amenagement et sauvegarde de la biodiversite de la vallee d'Oued Boussellam (Setif). *Memoire de Magister,* Universite de Setif, (2012).

[4] M. Smaili e A. Touati, Contribution a la caracterisation des eaux de cinq sources dans le bassin versant de Boussellam, Sud-est de Bejaia-Algerie. *Memoire de Master en Toxicologie Industrielle et Environnementale,* Universite de Bejaia, (2018).

[5] M. Durand Delga, Mise au point sur la structure du Nord-Est de la Berberie. *Publ. Serv. Carte geol. Algerie, N. S., Bull.* 39, (1969) 89-131.

[6] N. Ben Hamiche, Contribution a l'etude de 1'influence climatique, lithologique et anthropique sur la variation des parametres physico-chimiques des eaux d'un aquifere du Nord-est algerien : Cas de la basse Soummam, Bejaia. *These de Doctorat en Sciences,* Universite de Bejaia, (2015).

[7] Ch. Allili, B. Laignel, N. Adjeroud, H. Bir, K. Madani, Fluxo de partículas na foz da bacia hidrográfica de Soummam (Argélia). *Progresso Ambiental e Energia Sustentável,* 35 (1) (2015) 204-211.

[8] M. Baaidja, A. Bachiri, Evaluation des pertes en sols et leur identification dans le bassin versant d'Oued Azzerou (BBA). *Memoire de fm d'etudes, Master en Hydraulique urbaine,* Universite de M'sila, (2018).

[9] L. Bouhali, Cartographie des risques d'erosion des sols dans le bassin versant de la Soummam. *Memoire de fin d'etudes, Master en Ouvrages hydrauliques et Amenagement,* Universite de M'sila, (2016).

[10] M.M. Benachour, Etude de l'erosivite des pluies sur le bassin de la Soummam par le biais de SIG et teledetection. *Memoire de fin d'etudes, Master en Hydraulique urbaine,* ENSH de Blida, (2016).

[11] B. Heusch, L'erosion du Pre Rif occidental: une etude quantitative de l'erosion hydrique (1988).

[12] E. Roose, Conventional erosion control based on water erosion processes and factors (1994).

[13] R. Neboit, L'Homme et l'erosion. Publicado por Presses Universitaires Blaise Pascal, coleção Nature & Societes, (2010).

[14] M. Yjjou, Modelisation de l'erosion hydrique via le SIG et l'equation universelle de perte en sol au niveau du bassin versant d'Oum Er Rbia. *Memoire de fin d'etudes, Master en Sciences des Sols et Environnement,* Universite Moulay Ismail, Meknes (Maroc), (2009).

[15] Y. Sahli, E. Mokhtari, B. Merzouk, B. Laignel, C. Vial, K. Madani, Mapeamento do potencial de erosão das águas superficiais na bacia hidrográfica de Soummam, no nordeste da Argélia, com o modelo RUSLE. *Jornal de Ciência da Montanha,* 16 (7) (2019) 1606-1615.

[16] K.G. Renard, G.R. Foster, G.A. Weesies, D.K. McCool, D.C. Yoder, Predicting rainfall erosion by water: A guide to conservation planning with the revised universal soil loss equation (RUSLE). *Agriculture handbook,* USDA, 703 (1997).

[17] W.H. Wischmeier, D.D. Smith, Predicting rainfall erosion losses - a guide to conservation planning. *Agriculture handbook,* USDA, 537 (1978).

[18] D.K. McCool, L.C. Brown, G.R. Foster, Revised slope steepness fator for the Universal Soil Loss Equation. *Transactions of the American Society of Agricultural Engineers,* 30 (1987) 1387-1396.

[19] A. Sadiki, B. Saidati Bouhlassa, A. Jamal, F. Ali, J.-J. Macaire, Utilisation d'un SIG pour revaluation et la cartographie des risques d'erosion par 1'Equation universelle des pertes en sol dans le Rif oriental (Maroc) : cas du bassin versant de l'oued Boussouab. *Bulletin de l'Institut Scientifique, Rabat, Section Sciences de la Terre,* 26 (2004) 69-79.

[20] R. Kalman, Le facteur climatique de l'erosion dans le bassin du Sebou. *Relatório do Ministério da*

Agricultura, Marrocos, (1967).

[21] S. Toumi, Application des techniques nucleaires et de la teledetection a l'etude de l'erosion hydrique dans le bassin versant de l'Oued Mina. *These de Doctorat en Sciences,* ENSH de Blida, (2013).

[22] I.Z. Gitas, K. Douros, C. Minakou, G.N. Silleos, Avaliação multitemporal do risco de erosão do solo em N. Chalkidiki usando um modelo raster USLE modificado. *EARSeL eProceedings*, 8 (1) (2009) 40-53.

Printed by Books on Demand GmbH, Norderstedt / Germany